微表情

WITHOUT SAYING A WORD

密码

[波兰] 卡西亚·韦佐夫斯基
帕特里克·韦佐夫斯基 ╳ 著　陈天然 ╳ 译

四川文艺出版社

图书在版编目（CIP）数据

微表情密码 /（波）卡西亚·韦佐夫斯基,（波）帕
特里克·韦佐夫斯基著；陈天然译 . -- 成都：四川文
艺出版社，2019.9（2023.3 重印）
ISBN 978-7-5411-5492-8

Ⅰ . ①微… Ⅱ . ①卡… ②帕… ③陈… Ⅲ . ①表情—
心理学—通俗读物 Ⅳ . ① B842.6-49

中国版本图书馆 CIP 数据核字 (2019) 第 177995 号

著作权合同登记号 图进字：21-2019-402

Without Saying a Word: Master the Science of Body Language and
Maximize Your Success Copyright ©2018 Kasia Wezowski and Patryk
Wezowski. Published by AMACOM, a division of American Management
Association, International, New York. All rights reserved.

WEIBIAOQING MIMA
微表情密码

[波兰] 卡西亚·韦佐夫斯基
[波兰] 帕特里克·韦佐夫斯基 著

陈天然 译

出 品 人	谭清洁
出版统筹	刘运东
特约监制	刘思懿
责任编辑	朱 兰　蔡 曦
特约策划	刘思懿
责任校对	汪 平
特约编辑	赵璧君　苗玉佳
封面设计	易珂琳

出版发行　四川文艺出版社（成都市锦江区三色路238号）
网　　址　www.scwys.com
电　　话　010-85526620

印　　刷　北京永顺兴望印刷厂
成品尺寸　145mm×210mm　　　开　本　32开
印　　张　8　　　　　　　　　　字　数　130千字
版　　次　2019年9月第一版　　　印　次　2023年3月第二次印刷
书　　号　ISBN 978-7-5411-5492-8
定　　价　39.80元

目录
CONTENTS

前言

Foreword

○解读身体语言的能力决定着你的成败

几年前，我和帕特里克受邀前往维也纳，预测一场创业比赛的结果。这场比赛吸引了约两千五百名科技界的创业者参加。在观察比赛的过程中，我们没有把注意力放在创业者们的演说上，而是仔细观察评委们的身体语言和微表情。在主办方宣布获胜者之前，我们给出了预测结果。果然，我们的预测是正确的——观众被成功地"剧透"了。

两年后，我们再次受到这个赛事的邀请，但这次我们的任务不是观察评委和预测名次，而是观察参赛者，分析他们的身体语言和非语言沟通内容对比赛结果的影响。

我们仔细观察这些未来的企业家们，评估他们的身体语言并打分，满分为十五分。如果参赛者在演讲过程中出现了正面、自信的身体语言信号，如微笑、保持目光交流、使用具有说服力的手势等，就会加分；如果参赛者身上出现了负面的信号，如烦躁不安、手势僵硬不自然、躲闪等，就会扣分。

我们发现，在这种评分体系中，最终由评委选出的前八名参赛选手，平均得分为八点三，而那些没有进入前列的参赛者平均分为五点五。也就是说，参赛者的积极身体语言与在比赛中取得成功是有较强的相关性的。

在政治领域，我们也发现了类似的正相关，比如在最近两届的美国总统选举中。

在 2012 年大选中，我们进行了一项线上研究：一千名参与者——既有民主党人，也有共和党人——观看了贝拉克·侯赛因·奥巴马[1]和威拉德·米特·罗姆尼[2]的一段两分钟的视频。这段视频记录了选举活动中的一个片段，在视频中既有一些不带感情色彩的内容，也有一些体现出情感的内容。

我们用摄像头记录下了参与者的面部表情，并进行了分

---

1 贝拉克·侯赛因·奥巴马（Barack Hussein Obama）：美国民主党籍政治家，第 44 任美国总统，为美国历史上第一位非洲裔总统。

2 威拉德·米特·罗姆尼（Willard Mitt Romney）：美国政治家、企业家，马萨诸塞州第 70 任州长。

析，观测他们是否表现出了心理学研究中的六种重要情绪：快乐、惊讶、担忧、厌恶、愤怒和悲伤。我们分析了视频中的情感类型（积极或消极）以及情感强度，发现奥巴马更加富有感情，并且负面情绪较少。至于罗姆尼，即使在共和党籍的调查参与者中，对他有负面看法的人比例也高达16%。

对身体语言的分析显示，奥巴马和前述创业比赛中的赢家们是相似的。他的肢体语言是开放、积极、自信的，他的身体和他的语言所表达的信息是一致的。相比之下，罗姆尼经常发出负面的身体信号，他的面部表情和动作也常常与他说出口的话相矛盾，导致说服力不强。

在2016年的总统大选辩论中，两位候选人的身体语言风格也大相径庭。但相较于运用了积极的身体语言打败罗姆尼的奥巴马，2016年大选中希拉里和特朗普都没有很好地运用身体语言树立积极的形象。

特朗普有些大男子主义，他在希拉里说话时喜欢在台上跟着她，这个令人不安的习惯让很多观众和选民感到不舒服。希拉里比特朗普克制得多，但似乎又克制过头了，显得不自然。她的一举一动都是经过训练的样子，让观众很难对她产生真情实感。

对他们各自的核心选民来说，两人在辩论中的表现都还说得过去。很多人喜欢希拉里的镇定自若，也有不少人偏爱特朗普神气十足、盛气凌人的样子。不过，如果两人中任何一方能稍微像奥巴马那样，表现得更加真诚而积极，让自己更有吸引力，那么就更可能争取到更多人的支持，提高成功的概率。

当然，身体语言并不能决定选举结果！创业比赛的结果也不完全取决于选手的身体语言。但正确运用非语言沟通方法，的确与获得成功的概率呈正相关。

○优秀的沟通者善于阅读身体语言

尽管大部分人自认为是理性的决策者，但大量研究却显示，在销售活动和各种谈判中，"情感"扮演了非常重要的角色。如果你不善于察言观色、解读对方的感受，只知道从语言的内容中发掘信息，可能就会错失很多宝贵的机会。

当然，有经验的谈判者懂得掩饰自己的真实感受。他们会认真选择措辞、语调、身体语言和面部表情。如果你不了解身体语言知识，就会觉得他们看起来比较冷淡，面无表情。如果出于利益的需要，有经验的谈判者们也可能会逼真地假装出某种情绪。

然而，即便是对方故意想要隐藏某种感受，我们依然可以看穿他们的真实想法。其诀窍就是密切关注他们脸上飞速掠过、因强烈的情感而不自觉地、本能地产生的微表情。如果你懂得观察的技巧，就会发现，微表情能够快速而准确地告诉你对方的真实感受。

通过多年的身体语言研究和教学活动，我们发现杰出的谈判者和销售人员之所以卓越，是因为他们能够捕捉和解读微表情，从而能够知道人们对于他们的提案或主张的真实看法。然后，他们会运用一定的策略引导对方，从而获得自己想要的结果。

为了检验这一发现，我们做了两个实验，用视频的手段检测人们对于面部表情的识别能力。

在第一个实验中，我们以美欧公司的员工为研究对象，评估他们解读微表情的能力。研究结果显示，得分较高的员工，其销售成绩也明显高于其他同事。在第二项研究中，我们研究了意大利罗马的宝马[1]展销厅的销售员们，发现业绩较好者（在最近一个季度售出超过六十辆车的销售员）在微表情解读测试中的成绩几乎是业绩较差者的两倍。因此，我们

1　宝马 (BMW)：享誉世界的豪华汽车品牌。

得出结论：高效的沟通者似乎天生就擅长解读微表情。

○每个人都可以提升自己的身体语言解读能力

解读肢体语言的能力，与职业成功和生活幸福息息相关。自信、值得信赖的身体语言，能让你的演讲给他人留下良好的印象。如果你能提高解读身体语言和微表情的能力，在谈判和销售活动中的表现就会更上一层楼。学习身体语言能够提高你的情商，改善你的人际关系质量。

有些人生来就擅长分析身体语言，不过即使你没有天赋也没关系，任何人都可以通过学习和练习提高自己的这种能力。

六年前，我们接到一项委托，开发一门针对电话中心的培训课程。参加培训的学员们在工作中只能通过电话与客户交流。你可能会觉得电话中心的接线员最应该学习的是与客户打交道的"话术公式"：如何运用恰当的语言，向顾客推销产品、获得订单，或者安抚那些难以对付的客户。

我们让一些学员演示了他们在工作中是如何接打电话的，并告诉大家我们的课程重点不是学习固定话术或者训练语音语调，而是让大家仔细观察做演示的学员的身体语言，尤其是注意思考从他们的姿势和态度中能推测出什么信息。没多久，大家就发现，身体语言对于对话的影响是非常大的。

第一位演示者采取了很不舒服的坐姿，并且在和客户打电话时皱着眉头。结果，她的声音听起来很烦躁。

第二位演示者则将身体后仰，靠在椅背上，双腿张开。他的脸上带着高傲的表情，这种傲慢也反映在了他的声音里。这导致电话那头的客户不太愿意回答他的问题。

第三位演示者弓着身子，这个姿势表示她缺乏安全感——她的声音听起来确实如此。

第四位做演示的学员一边接电话一边翻阅着销售话术手册，结果他的声音听起来有些心不在焉，既没有认真听，也没有好好说话，这让对方感到自己不被重视。

以上四位演示者使用的都是同一套话术，说的都是一样的话，这些内容都是他们认真学习过的。然而，不同的身体语言对他们说话的方式、带给对方的感受有着显著的影响，这是很令人惊讶的。

由此我们意识到，相比于练习声音技巧或者学习话术，改善这些客服人员的身体语言、工作姿势或者说工作态度更为重要。我们还发现，一些学员在工作中会将自己的坏情绪发泄到客户身上。这些负面情绪可能来自他们的个人事务、

家庭事务或者和同事的不愉快。无论是什么原因，他们在和
客户对话时，这些情绪都通过肢体语言明明白白地展示了出
来。正因为这样，他们的非语言行为对客户产生了很大影响，
让客户感到紧张、烦躁或者不满。这也证明了我们一贯的认
知：身体语言能够告诉大家你身心的真实感受。如果你想要
改变身体语言，唯一的方法就是从改变自己的情绪和心境
开始。

"你的身体总会说出你的真实感受。"

关于肢体语言的真相

熟练掌握身体语言的知识，有助于提高你对他人感
受的洞察力。身体语言是对话中一个理想的指南针，它
就像一个路标，指引我们进行顺畅的沟通。但是，仅仅
懂得身体语言还不够，因为它只是帮助你了解到特定行
为的可能原因。它起到的是听诊器的作用，并不能改变
造成这种行为的内在原因。

如果你意识到了某种情绪，就能够专注于它并尝试
改变它。但是，如果你不改变自己的心情和态度，只寄

希望于改变自己的外在身体语言，往往会有反效果。你无法控制自己发出的身体信号，它永远是诚实的，只会表达你的真实感受。

比如，有一位演讲者在演讲前感到很紧张，尽管他努力想要运用本书第三章中学到的表示自信的姿势，但如果他内心难以平静，就总会有一些蛛丝马迹暴露出他的紧张。不改善自己的内在情绪和心态，只想改变表面的身体语言，是徒劳的。我们学习肢体语言知识，从而能够快速准确地识别出各种情绪，以及这些情绪对于行为的影响。要想改善自己的身体语言，就要先从改变自己的情绪和心态开始。本书中给出的建议和练习题可以让你做到这一点——效果几乎是立竿见影的。

○改善你的肢体语言

我们培训电话中心的接线员时，首先要做的是改善他们的情绪状态，让他们通过一些练习放松下来。根据我们的建议，很多学员积极参加体育锻炼，并且花很多的时间培养自己的爱好。有一位学员开始骑摩托车上下班，有人每周去游两三次泳，还有一些学员主动增加陪伴家人的时间，或者用冥想和正念练习来放松自己。

只有让接线员们放松，消除全身肌肉的紧张感，才能使他们在接电话时，声音就不会那么僵硬、冷漠。我们的下一个目标是让他们意识到，工作占据了他们一天中的绝大部分时间，所以为什么不做出一些改变，让工作变成一件快乐的事呢？不管从事这份工作是出于喜欢，还是仅仅为了养家糊口。创造一个积极的工作氛围都是很有必要的。与其每周烦躁不安地熬过四十小时、伸长脖子等着周末，不如放松地工作，和同事融洽地谈笑，给予客户更多的理解和关心。这是我们想要传达的中心思想。

每组接线员的培训时间均为六天，分为三个阶段。我们也会指导他们的话术，但前提是让他们先意识到自己身体语言中的问题。这样，他们不仅提高了应对客户的能力，更重要的是形成了更为积极的工作态度。该公司的一位高管评价说，培训之后，他感觉员工们都像变了个人似的，整个团队焕然一新。可见接线员们的语音和沟通方式改善之大。

接线员们提高了和客户的沟通能力，他们所有的改变都是以身体语言的改善为基础的。为什么效果这么好呢？因为身体语言能传达出人的情绪，它是一种比文字语言更为重要的沟通方式。在沟通中，人们不仅会听你说话的内容，还会关注你的行为内容和方式。也就是说，会对你的身体语言做出反应。

身体语言专家婚姻的秘密

参加我们课程的学员常会问我们夫妇：两个身体语言专家的婚姻生活是不是挺不容易的？一眼就能看穿对方在想什么，是不是也挺讨厌的？

并不是这样。我们夫妇之间没有秘密，也不需要有秘密。我们俩都认为，在任何人际关系中，真实诚恳都是最重要的基础。对于我们来说，善于分析身体语言的能力只是锦上添花而已，它让我们的关系更为紧密，更加理解和信任对方，产生更多的共鸣。肢体语言能够增进友谊，加深感情。唯一的缺点可能是我们发现很难给对方惊喜：因为身体语言总是让人露馅。

在一段关系刚开始时，肢体语言还可以推进我们了解对方的进程。因为我们对身体语言信号有敏锐的直觉，可以很快地辨认出某个人是不是适合做我们的伙伴。这些年来我们因此失去了很多所谓的"朋友"，但是留下来的都是真正的、可信赖的朋友。

　　当你读完这本书可能会发现，你的伴侣并没有那么迷恋你，你渴望的升职永远不会被老板批准，或者你最好的朋友有事情瞒着你。如果真的是这样，那就随他去吧。如果一段关系中有虚伪的成分，那么勉强维持它也没有什么意义。开放、诚实、透明的关系才是我们应该追求的。长远来说，只有这样才能让婚姻幸福而长久。所以，你准备好开始一段真实之旅了吗？一旦你看了这本书，可就没有回头路了。

○对身体语言的解读有科学依据吗？

　　关于身体语言究竟有没有科学性的争论由来已久。为了说明我们的立场，在这里举一个例子：人为什么会打哈欠？关于这个问题，有很长一段时间，公认的解释是因为身体缺乏氧气，需要通过打哈欠的方式吸入更多空气。但是，2002年马克·安德鲁斯发表论文认为这个理论是错误的。因为肺这个器官无法独立感知到人体系统中氧气含量的下降。2007年，安德鲁·加洛普和戈登·加洛普探究了打哈欠是否能降低脑部的温度。国际哈欠研究大会则宣布，打哈欠表示某种程度上的清醒。之后，一些研究者又给出了各自的解释。总之，即便是打哈欠这样一个明明白白、看似简单的动作，对它的解读都无法形成公论。

同样的道理，对于身体语言的正确解读，是建立在你的认知和经验上的。我们在书中讲到的解读方法，都是以最前沿的科研结果为基础的，但身体语言的科学在不断进步：关于人体如何运作这个问题，每天都有新的惊人成果出现。你还会看到，有一些身体语言与特定的文化背景相关，因此解读时要特别留意。其他的身体语言则受到情绪的驱动，因此我们童年时期就已经学会了这一套体系，它们在大自然其他动物身上也可能出现。

"在日常对话中我该如何运用身体语言的知识？"

英国生物学家德斯蒙德·莫里斯[1]认为：人们在交流中会用到超过三千种不同的姿势。本书中讲到的姿势主要是商务场合中常见的，相对来说比较容易解读。一些比较复杂的肢

---

1 德斯蒙德·莫里斯（Desmond Morris）：英国著名动物学家和人类行为学家。其行为学专著有《人类行为观察》《裸猿》等。

体语言，比如与害羞、痛苦等情绪相关的动作，对解读能力的要求较高，超出了本书的范围。害羞和痛苦的情绪有超过十种表达方式，有时甚至会有不同信号的混合。同时，它的迷惑性很强，很难辨别是真实的，还是伪装的。

同样，本书中也避免讨论在科学界有争议的身体语言（比如，因为听到突然的爆炸声而吓了一跳，这个反应算不算一种情绪）。虽然这样的争论很有趣，但本书的主题是：如何在日常对话中运用身体语言的知识和技巧。因此，本书将会把笔墨集中在这一点上。

为了培养精准解读身体语言的能力，首先你需要认真学习关于肢体语言解读的五条基本原则（这是第一章的主要内容）。这些原则能够帮助你正确分析你所看到的线索。本书有一个创新点在于，将日常生活中常见的最实用、最重要、最常见的非语言信号分成了七类，分别加以解析。

第二章主要讲的是对沟通有利的姿势。这些动作和体态对于对话具有积极的作用，所以我们称其为"正面的身体语言"。

在第三章中，我们分析的是表示自信和强势的动作。

霸道或者妨碍了沟通的行为，我们称之为"负面的身体语言"，这是第四章的重点内容。

所有的身体语言都反映出人们正在经历的感情。在第五章中，我们将会重点分析某些非语言沟通信号是如何传递出各种情绪的。

第六章的主要内容是，情绪如何通过面部表情表达出来。

在第七章中，我们会进一步分析微表情，它是一种更短暂、更不易察觉的面部表情。

第八章主要讲解了在谈判和协商中比较实用的表情和姿势的解读方法，即与决策有关的身体语言。

在第九章中，我们会提供一些习题。你可以整合前面学到的所有知识，运用"SCAN[1]"法，解读习题中的各种表情和姿势。

在每章的结尾，都会有一个简洁明了的总结表格。它能够帮助你将学到的身体语言知识运用到日常会话、销售、面试、谈判中。

我们除了想教会你解读肢体语言，还有一个更高的目标：让你在明白特定身体语言的含义后，知道该如何应对，并做出正确的反应。为了帮助你做到这一点，我们在大部分

---

1 SCAN：这里的 SCAN 由选择（SELECT）、校准（CALIBRATE）、分析(ANALYZE)、做笔记(NOTE)四个步骤的首字母组成，另外英文单词 scan 有"扫描，审视"的意思。

身体语言解析之后都附有建议，告诉你如果遇到了这样的动作，你应该怎么办。这样，你就能够快速地做出正确的反应了。

·第一章

解读肢体语言的五个原则
The Five Principles of Body Language Intelligence

· 解读肢体语言的基本原则

· 不同文化背景下肢体语言的不同

在解读肢体语言时，要切记一些关键性的原则，它们会影响你对被观察者的态度、姿势和表情的理解，以及得出的结论。本章所讲的五条原则是解读各种肢体语言的基础。要想提高对肢体语言的洞察力，你就要把对外在表现的观察和对内在感受的理解结合起来。

这些基本原则适用于照片、电影，以及日常对话中的非语言交流。在对肢体语言进行解读时，灵活运用这五条原则，有助于你拨开迷雾，看到日常交流的真相，得出正确的结论。

结合多个动作，验证你的判断

本书后面章节讲到的解读方法，如果应用于单个的动作，准确率只有 60%—80%。但如果你看到某个动作重复出现，那么解读的正确率就会提高。如果在短时间内，你看到了三到五种动作，而它们都在释放同一类信号，那么你得出正确结论的可能性就非常高了。

如果某人在一次对话中只摸了一次鼻子，他可能仅仅是鼻子痒而已。但如果在两分钟内，他既摸了鼻子，又揉了眼睛，还捂嘴巴、向后退、眼神躲闪、手臂交叉，那么他很有可能对当前的状况感到很有压力，或者他在撒谎。

你所见即他所感

如果要在听到的话和看到的动作两者中选一个，最好选择相信后者。身体的动作是对说出口的话语的补充。在短时间内，想要假装平静或隐藏焦虑还有可能，但信息不只是通过语言传递的，想要隐瞒或者掩盖真实想法，其实要困难得多。这是为什么呢？因为我们的身体会不由自主地暴露出内心的真实感受。

大量研究表明，我们大脑的边缘系统远比理性思维运转得快。还没来得及刻意调整自己的行为，我们的表情和姿势就已经把自己"出卖"了。相比于不受意识控制的边缘系统信号，我们对动作的刻意调整要慢上一万倍。因此，人们内心的想法，会通过肢体表现出来。反之亦成立：如果你看到一个人的表情并不悲伤，那么很有可能他确实不是在伤心。但是，你还需要考虑第五条原则：如果这个人倾向于掩饰自己，即使难过也从不表现出来，那你就要修正自己的结论了。

环境影响肢体语言

在授课时，常听到同学这样问：如果一个人经常抱着胳膊，是否说明他性格内向？你觉得呢，答案是"是"或"不是"？如果你学会了第三条原则，就应该知道正确答案是"看情况"。判断一个抱着双臂的人的状态，应该先看他所处的环境。比如，一个在寒冬中站在室外、忘记穿外套的人，他抱着双臂，只是因为他感觉到冷吗？也许他正和朋友们聊得开心呢！

但如果是一个穿着白大褂的医生，正在医院走廊里和同事讨论事情呢？医院里通常比较暖和，所以在这种情况下，抱着双臂的动作很可能与对话的内容有关。也就是说，你需要关注这个人所处的地点、事情的来龙去脉，以及周边的环境。在做判断时，这些因素都是你需要考虑的。

"肢体语言能帮助你听到弦外之音。"

注意变化

尽量不要仅凭一张照片就做出判断。如果没有参照物，你的结论就容易站不住脚。为了得到可靠的结论，要尽量捕捉较大的、明显的肢体语言变化。比如，在谈判期间，一个一直表现得很放松的人，突然改变坐姿，摆出了辩论的姿势。相比于他从一开始就保持辩论姿态的情况，前者的信息量显然要多得多。

动作出现的时间点也非常重要：在谈判中，新的价码出现时的重大肢体语言变化，显然比一般情况下的肢体语言变化更能说明问题。

考虑习惯的影响

当我们解释动作的含义时——以摸鼻子为例，常听到人说："我是摸了自己的鼻头，但这是我说话时的习惯，我们家的人都这样。摸鼻子不代表我们在说谎！"这种说法有它的道理：一般认为，摸鼻子代表了说谎，但第五条原则可以为这个动作正名。记住，要格外关注人们的习惯，以及那些在特殊情况下看起来"没什么特别"的动作。

如果被观察者多年来形成了某些特定的动作习惯，那么后面章节提到的对这些动作的一般解释，很可能并不适用于他。

比如，如果一个人习惯微笑，即使在心怀敌意的情况下脸上也挂着笑容，那么，你就不能想当然地把这种笑容解释为一种愉悦的信号。你需要了解被观察者在各种情况下的反应和习惯，从而确认哪些动作、姿势和表情不能按照一般原理来解读。除了习惯，还有一些必须考虑的外界因素，比如是否服药、饮酒、整容、注射肉毒杆菌除皱，等等。将习惯因素考虑在内，你才能更准确地解读肢体语言，不把愉快的表情误读成轻蔑。

"每个人都有自己的肢体语言。"

文化背景会影响肢体语言吗？

对于这个问题，专家们也有分歧。这个话题争论起来简直没完，尤其是在"肢体语言"和"文化背景的影响"这两个概念的定义都不明确的情况下。

比如，有的姿势在某个国家是非常不礼貌的，但在别的地方却是一个积极的信号——以"圆圈"的手势为例。这个由拇指和食指圈成环形的动作，在美国、比利时、荷兰等国家，表示"可以、没问题"的含义。在法国，这个动作的意思是"数字零"。而在巴西，它代表着……某种不宜说出口的东西。在这个例子中，不同的文化背景对同一个动作的解读是截然不同的。然而，也有一些针对微表情的研究显示，特定的情感会引发相同的表情，这一规律在二十多种不同的文化中都成立。类似的研究还发现，对于某些手部动作，北美人和欧洲人倾向于较少使用，但幅度较大；而亚洲人则倾向于频繁使用，但幅度较小。这是否意味着不同文化背景对肢体语言有影响呢？

所以，哪种专家观点是正确的呢？不好说。但这些例子恰恰说明了，非语言交流不仅是广泛的、复杂的，也取决于你如何定义"肢体语言"这个概念。不过，有件事是确定无疑的：每个人都有着自己的肢体语言。

前文提到的五条基本原则是至关重要的。要想得出精准的结论，你必须在每次解读肢体语言时都运用这五条原则。要把它们牢记在心，用它们来检验你的判断。为了便于记忆，我们把每条原则中最重要的词挑出来，组成了下面这个句子：

"多个动作、所见所感，环境改变习惯。"

学会了这五条原则，你就具备了基本的知识储备，可以随着后面的章节进一步学习如何解读动作、姿势和表情了。

·第二章

表示自信的身体语言
Self-confident Body Language

我十三岁时，打的第一份工是去药店发传单。我需要询问药店工作人员，可否把传单摆在他们店里显眼的位置。一开始还挺顺利的，第一天上午我一共去了十五家店，他们全都同意了。我当时的女友也在做同样的工作，但她就不太顺利，不仅多费了很多工夫，还吃了些闭门羹。

后来，等到我也被人拒绝的时候，我瞬间觉得自己最初的热情烟消云散。之前那个风风火火横扫各店的我一下子泄了劲。心态一变，我的工作效率也降低了，开始频繁地碰钉子。但到底是哪里不对了呢？我说的一直是"我可以把这些传单放在您的柜台上吗？"，为什么几个小时前这句话还挺管用，现在就不行了呢？为什么我的心情变了之后，结果也发生了这么大的变化？

当时的我还不知道，那种情况下，成败的关键并不在于我说了什么，而在于我是否运用了正确的身体语言来促进沟通。本章会教你如何运用积极的肢体语言，从而更好地说服他人，还会告诉你在与他人交谈的过程中，如何识别正面的信号。

上身前倾

在你和他人交谈时，对方上半身的动作能反映其对你的基本态度。如果他身体后仰或转向别处，尤其是如果他还抱着双臂，那么他很可能对这个话题不感兴趣。这种抗拒的动作表示对方没有认真听你说话，原因可能是他觉得这个话题无关紧要，或者没什么意思，无法吸引他凑过来听。这种说法是有科学依据的，比如施伦克尔在1975 年的研究就证实了这一点。

身体前倾意味着感兴趣，后仰则不然。如果你想要对方好好听你说话，那就要想办法让他的上身向你倾斜过来。也有一种可能是，你的动作比较冷淡疏离，

态度积极、感兴趣

而他不自觉地模仿了你。在这种情况下，你可以调整自己的身体角度，多向他倾斜一些，他看到你这样做，有可能同样向你靠近。如果他也凑近你了，说明他正在对你的正面肢体语言做出反应，这是一个积极的信号。

摊开手掌

摊开手掌是和平的信号，它意味着你没有隐瞒，也没有拿任何武器，对他人说的话持开放坦诚的态度。

在交谈中，对方如果不时露出掌心，说明沟通是顺利的。这个动作是一个开放的信号，表示对方尊重你，认为你所说的东西有意义、有价值。对方越是频繁地展露自己的手掌心，越说明他想要表示自己率真和诚实的态度。这个动作的升级版是展开手指，或者弯曲手指形成杯状。在与人沟通时，摊开手掌的动作能够增强信任，有利于人际交流。露出的掌心显示着我们没有隐瞒什么。如果我们在撒谎的话，就不会摆出这样坦诚的姿态，而是倾向于不让

率真、诚实的态度

人看到自己的双手。

历史上，这个动作的形成也是有原因的。在以前，摊开掌心是为了表示你没有拿武器，并且心怀善意。因此，从古至今这个手势都与真诚、忠心、乐于倾听等品质联系在一起。另外，表示投降的姿势——双手举过头顶，同样传达了手无寸铁的意思。

正因为露出手掌心的姿势有这样的含义，我们常常在重要的场合看到宗教首领做这个动作。同理，我们在发誓时一般会将一只手放在心口，举起另一只手并展开手掌。在法庭上，人们需要摸着《圣经》宣誓时，也会采取类似的动作。

如果一个人想表示他的态度百分之百率真和诚实的话，他会朝对方伸出手。掌心露出得越多，说明他越想表示出自己的真诚。正如大部分肢体语言一样，这样的动作往往是全然不自觉的。一个不擅长撒谎的人想要撒谎时，或者一个人想要隐瞒什么的时候，她一般会把手背在身后。在过去，背着手的动作说明这个人可能藏着武器。

露出手腕

在心仪的男性面前，女性常常会在手拿杯子时露出自己

的手腕。我们可以认为这是一种
开放的信号。在其他情况下，露
出手腕的动作则表示说话人在强
调自己的真诚和善意。

开放、真诚的态度

把手放在嘴边挥动

强调所说的话

有时，坐着的讲话者在强调自己所说
的话时，会把手放在嘴巴附近，这有助于
他与对方的沟通。手在嘴边挥舞时，仿佛
能给予语言更多的力量。这个动作说明讲
话人努力地想要被人听懂。

张开双手，放在桌上

表示开放和接受

在谈判中，如果一方将眼
镜或杯子放在惯用手一侧，则
表示开放和接受的态度。这个
动作意味着他不希望自己和对
方之间有任何障碍。相反地，

把杯子放在另一边则表示他对这次沟通有一定的抗拒心理。

说话时辅以手势

有些人善于在说话时加入一些
手势，以使自己更好地被人理解。
在手势的辅助下，即便语言不通，
你也容易听懂他们在说什么。如果
你是一名老师或销售员，说话时辅
以手势能够让你说的话更加直观，
有利于对方理解。其原因就是，手
势能够刺激对方的右脑，而右脑掌

解释自己所说的话

管的是视觉、情感和直觉。这样，你就同时激活了偏理性的
左脑和偏感性的右脑，让听众更容易理解、相信和记住你说
的话。另外，查克曼、德保罗和罗森索在 1981 年的研究显示，
如果一个人在说谎，那么他对手势的使用频率会降低。

竖直方向的握手

在罗马时期，有一个习俗：握手时，握住对方的手腕，以快速确认对方袖子里没有藏匕首。而现在，握手这个动作是友好的表示。通过握手，人们可以直观地感受到对方的体力和活力。尽管远程会议这种方式已经司空见惯，但商务界人士还是经常不远千里飞到合作伙伴身边，希望能面对面交谈，并通过握手来感受对方。在中东，双方所签的合同要在双方握手之后才宣告生效。

为了在握手时给对方留下好印象，一定要注意以下两点：一、两人的手都要保持上下垂直，不要压着对方，否则会产生一方处于上风另一方屈居下风的感觉。二、两人手上的力道应该大小相当。如果一方使出七成力，另一方只用了五成力，则前者也应把力度降到五成；可如果后者使出了九成力，则前者也应该增加力度，以和对方持平。

在实际应用中，要根据具体情境来决定是否增加或降低握手的力度。需要考虑的因素包括：当时的环境和气氛、对方对肢体语言的敏感程度等。如果你要与十位合作伙伴一一握手，可能你要不断调整手的角度和力度，分别对十个人用十种握法，才能让他们都感到舒服。

表示平等和理解

男士在与女士握手时，可能需要有意识地少用些力，以示尊重。否则，恐怕会有损男士的绅士风度。如果把女士的手握疼了，她可能会觉得你目中无人、蛮横无理、不够贴心也不够善解人意，把你的握手动作解读为值得警惕的信号。

男士们要尤其注意控制自己的手部力量。在漫长的演化中，男性进化出了高达四十五千克的强大的握力，这让他们在搬运、抓握、击打、投掷等活动中都有出色的表现。但在握手的时候，手劲很大可不见得是什么好事！比如，2017年在布鲁塞尔的北约峰会上，美国总统特朗普和法国总统马克龙的"握手大战"就令人印象深刻。他们二人都用了相当大的力气，谁也不肯示弱，小小的握手竟握出了你死我活的气势。这样的握手方式能制造出新闻效果，但并不值得学习。

用双手握手

还有一种握手方法是，用双手握住对方的手，即"手套式握手"。这个动作能将热情、信任和善意传达给对方。与竖直方向的握手类似，采取手套式握手时也有两点需要注意。

首先，要注意左手的位置，因为它能让对方感觉到你想要用双手来握手。手套式握手能传达高度的真诚和热情，程

度几乎与拥抱相当。左手放置的高度与你想表达的亲密程度
息息相关。你的左手在对方的右胳膊上放得越高，表示你越
想与他营造亲密的关系，是善意的信号。比如，你用左手抓
住对方的手肘，就比抓住手腕更能表现出你的友好。但切记
要结合其他表示友善的动作，不要太生硬，否则对方可能会
误以为你想压制或掌控他。

其次，伸出左手去触碰别人的动作，毕竟打破了人和人
之间的安全距离。作为主动的一方，你必须先确认自己这样
做是合时宜的。只有当你们之间的氛围已经比较融洽时，这
个动作才能增进你们之间的感情，因为它代表的亲密度很高，
几乎与拥抱无异。如果当时的
气氛还没有到那个份儿上，你
却一厢情愿地伸手抓住别人，
对方很可能会对你产生怀疑和
不信任感。因此，在你决定要
手套式握手之前，一定要确定
这样做是合适的，不要仅仅为
了给对方留下热情的印象就贸
然行动。

信任和温暖的氛围

伸出双腿

　　我在给学员上课的时候，有时会看到这种情况：在我布置了课堂测验后，学员在看题目时，把双腿在身前伸直，看起来很放松——这说明他觉得测验内容很有意思。同样的道理，如果在交谈中，一方忽然把腿前伸出来，说明他对谈话内容很感兴趣、愿意接受。如果

表示感兴趣和接受

另一方也想表达相同的态度，可以回以相同的动作。

把头偏向一边

　　把头偏向一边的动作起源于动物的世界。老虎在捕猎时会瞄准猎物的颈部，因为这个部位最容易一击致命。同样，在狼群中，雄狼为了赢得与雌性交配的权力，或者争夺头狼

表示不设防、
感兴趣、理解

的地位，常常会把对手的颈部当作重点攻击目标。对我们人类来说，偏头并露出脖子一侧的动作，意味着愿意把脆弱的部分展示给别人。裸露的颈部，散发的是信任、认可或者感兴趣的信号，甚至有些任凭他人处置的意味，这个动作也表明：我们在认真倾听，没有打算反驳。如果对方听你说话时把头偏向了一边，这表示他信任你，愿意接受你说的内容。

在谈判或辩论时，如果你想减少对方对你的干扰，可以试试把头微微偏向右侧。如果对方做出了把手放在衣兜里、抱住双臂、面带怀疑地抚摸下巴、把手背在身后、肩部生硬紧绷、瞪了你一眼、紧握双手，或者把身体转过去避免面对你，则说明他的态度是消极的。

贝拉克·侯赛因·奥巴马的偏头动作

美国前总统贝拉克·侯赛因·奥巴马在参与政治辩论时，常常做出把头偏向一侧的动作。如果是动物摆出这个暴露颈动脉的姿势，说明它很信任对方。比如狗在表示投降时，会仰面朝天，露出自己的肚皮。在选举活动中，奥巴马运用偏头的动作，向对手传达理解的信号。对手看到后，往往会收敛自己的攻击性和敌意。在奥巴马第一次参选总统期间，留下了很多把头偏向一边的动作的照片。这个动作有助于他树立认真倾听的形象，提升选民对他的好感度。

微笑

当你对别人微笑时，别人通常也会回以微笑。这时，你们之间就形成了一种友善的氛围。这种交流可以说是自然而然发生的。在史前时代，我们的祖先通过微笑来展示善意，或确认彼此是否归属于同一部落。现如今，刚认识的人们习惯用微笑拉近彼此的距离。研究表明，经常笑的人（形成了爱笑性格的人），人际关系更加和谐长久。爱笑对生活有积极的影响。

表示善意

看着对方的眼睛

西方文化对目光接触的定义是：交谈中 70% 以上的时间都在直视对方的眼睛。

弗雷茨、科恩、蒂姆勒和贝雷特在 1979 年的研究显示，良好的目光接触有助于心理医生和病人之间建立优质的互动。70% 是一个比较恰当的比例——如果你看着对方眼睛的时间超过 70%，对方可能会觉得你在瞪他，感觉受到了侵犯，或者觉得你怪怪的。而在亚洲，人们谈话时眼神接触的频率会低一些，持续时间也相对较短。同样频率和时长的眼神接触，在西方是热情、友好的表现，在亚洲则可能被视为不礼貌。在亚洲文化背景下，公司的员工常常会避免与上级进行目光接触，这样做并不是因为害羞，而是出于对上级的尊重。

点头

点头表示接受对方所说的话，是认真倾听的信号。如果你希望对方说得更详细、深入，不妨向他点点头，并适当调整姿势，展示你开放的心态。点头的

集中注意力倾听

姿势能够创造友好、积极、互相理解的对话环境，这一点在
1983 年布利的研究中就得到了证实。

模仿对方的身体语言

　　模仿对方的肢体语言，能够让对方感到自己被接纳，有
助于形成互相理解的氛围。这种模仿是自然而然的，常发生
于朋友、爱人和身份地位相同的人之间。在你与他人友好交
谈时，不妨留心一下，就会发现自己和他们的身体语言有些
相似。类似的道理，儿童的动作常常会潜移默化地被父母影

表示认可、观点相似

响。对于不熟悉的人，我们就不会模仿他们了，比如在电梯里或者排队时遇到的陌生人。

若想快速地和刚认识的人建立良好关系，最有效的方法之一就是模仿他们的身体语言。在与重要的人初次见面时，你可以试着模仿他们的姿势、动作、表情和说话的音调。当然，没有必要像照镜子一样，只需找一些比较容易模仿的特点即可。这样用不了多久，对方就会感到和你在一起很舒服，跟你聊天很愉快。这个感受的秘密就在于，你的模仿让他们看到了自己。

身体姿势

在听别人说话时，你的身体最好略微前倾，并轻轻点头。注视对方的眼睛，并把头稍稍偏向右侧。在对别人说话时，记得不要抱着双臂，也不要跷二郎腿。如果你是站着说话的，把背挺直，不要弓着腰，这样才能给予身体足够的空间和氧气，有助于你的呼吸和发声。当你挺胸抬头时，你的听众们会更加专心地听你讲话，对你的观点更感兴趣，也会更认真地对待你的观点。

表示放松的姿势

在作报告的时候，前几分钟的表现是重中之重。它决定了观众对你的第一印象，因此一定要给予足够的重视。从这个角度看，身体语言具有决定性的作用。同样的开场白，配以不同的身体动作，就会被观众解读出不同的含义。你的身体传达出的信息，对你的语音语调也会有显著的影响。

正因为如此，很多政治人物都会专门找这方面的老师，学习和训练身体语言，以提升自己的公众形象。但他们的问题在于，只学到了表面的动作，而没有真正改变内心的想法，因此动作常常显得生硬、机械，仿佛是在死记硬背，容易让人觉得虚伪做作。

比如，在 2016 年的美国总统选举中，希拉里·克林顿就给人一种不可靠的感觉，因为她的身体姿态和言谈举止是经过设计及训练的。在应对问题时，她会条件反射似的做出训练好的动作。虽然这样看似沉着冷静，却不够自然，显得有些僵硬和虚假。再比如，在 2012 年的美国总统选举中，当时的候选人贝拉克·侯赛因·奥巴马和威拉德·米特·罗姆尼，在肢体语言方面就拉开了差距。奥巴马没有伪装自己，而是选择自然地流露感情——他所说的话，与他的姿势和表情所传达出的信息是一致的，这一点有目共睹。因此，奥巴马给人的印象是真诚的、可信的。而罗姆尼出现了身体语言与所说的话不相符的情况。确切地说，他的动作和面部表情传达出的信号，与他口中说出的话是矛盾的。这就让人觉得他尽管稿子背得很好，心里却根本不相信自己说的那一套。

我们的身体是诚实的。如果我们心里摇摆不定，或者言不由衷，身体语言会出卖我们。因此，要想改变外在的身体语言，必须由内而外，先改变内心的想法和感受。

所以，在作报告前，先要把自己的心态调整好。你可以假想自己是在和朋友聊天。不妨留意自己和朋友在一起放松时的身体语言是怎样的，然后把这种感觉带到讲台上。尽力适应和熟悉环境，由内而外地把自己的状态调整到放松、自信的轨道上。

此外，还有一个不错的方法，不妨试试向猫咪学习。如果有机会，你可以观察一下猫咪（或者其他动物）平日的状态和行为。这时你会发现，无论是走路、坐卧还是睡觉，猫这种动物似乎永远都是轻松慵懒的样子。你可以尝试着用自己最舒服的坐姿坐下来，假装是一只无忧无虑的猫。多试几次，直到找到那个让你觉得完全放松的姿势为止。下次在作报告时，你就可以应用这个方法了：双脚站稳，把身体调整到一个舒适的姿态。当你对自己的状态感到舒服，观众们看你的时候也就舒服了。

注意风俗习惯和衣着

要想给他人留下好的第一印象，着装是一个不得不重视的因素。当然，如果你能炉火纯青地控制和运用自己的身体语言，估计穿着泳裤去见大老板也没关系。不过对于一般人来说，着装还是必须引起重视的。根据场合和要见的人来选择合适的服饰，能为你加分。

对方首先会注意到的是你的衣着是否整洁。当他看到你为了这次见面，穿上了得体的西装，就会为你加印象分。假如你穿的是破破烂烂的毛衣和宽松邋遢的裤子，给别人留下的就是负面的第一印象了。如果你的着装风格与对方相似或相呼应，他看到你时就会觉得已经和你有了共同点，这会拉近双方的距离。

同样的道理，在作报告或演讲之前，先考虑一下你的受众。不妨想想这几个问题：如何激发听众的兴趣？如何让他们更容易理解你说的话？要怎样才能赢得他们的微笑和掌声？

几年前，我们曾在卡塔尔举办过一次演讲。当地人的穿着都是阿拉伯传统服饰，男士穿的是袖子很宽大的白色长袍，还要缠头巾；女士则从头到脚罩着黑袍，戴着头巾，有时甚至会以头巾掩面。为这样文化背景的听众讲解身体语言，我们要如何营造融洽的氛围呢？

首先，在着装上，我们选择了入乡随俗：穿着长袖上衣和长裤，盖住胳膊和腿。我们两人之间拉开了一定距离，不离对方太近，并避免使用由于文化差异可能会引起误会的手势。其次，帕特里克在开场时先讲了几句简单的阿拉伯语，一下子消除了观众对我们的陌生感，赢得了阵阵掌声。

在去一个陌生的地区之前，多打听打听当地的风俗习惯，比如人们穿什么样的衣服、打招呼的方式等，对你融入当地会很有帮助。仍以卡塔尔为例，在当地习俗中，男士只与男士握手，女士只与女士握手，男女之间是不可以握手的。如果我们没有提前做功课，不知道这个规矩，就会触犯文化禁忌，带给当地人不好的印象。

还有一个例子，是关于我们培训中心的一位新上任的讲师。他受邀为一群招聘顾问讲课，主题是"第一印象"。这个题目选得不错，而且我们在一周前曾听过他上课，对他很放心，就没有多问什么。然而，让所有人——包括我们和他的听众——大跌眼镜的是，他打扮成了小丑的样子去讲课！

他想让大家跟他一起唱一首歌，但严肃的招聘顾问们不为所动，纷纷表示对这位讲师很不满意。这件事情告诉我们，你觉得好玩儿的东西，别人不一定觉得好玩儿。因此在分享之前，一定要先想清楚这样做是否合适。

肉毒杆菌对面部表情的影响

南加州大学和杜克大学的研究表明，在面部注射肉毒杆菌会降低"听"的一方共鸣的能力。注射肉毒杆菌后面部的肌肉僵化，从而降低模仿表情的能力。正常情况下，当你和别人交往时，会和对方产生情感共鸣，也就是说，你能观察和体会到别人正在经历的情感状态。这是人与人之间产生连接的重要方式。但在肉毒杆菌的作用下，神经元的功能被削弱，面部的自动移情能力也就下降。而哥伦比亚大学的研究成果也证实了这一点。

肉毒杆菌的这一特性会产生怎样的后果呢？威斯康星大学麦迪逊分校的大卫·哈瓦斯表示："肉毒杆菌会选择性地阻碍我们对情感语言的处理。"后续的研究成果将这句话通俗化地表达成——肉毒杆菌会让你失去朋友，因为人们从你的脸上看不到共鸣。

不要面无表情

在交谈中，人们在倾听他人时一般会露出专心的神态。我们都希望自己说话时，对方能抱以开放的态度和认真的表情，这能让我们更自信。如果对方面无表情，我们就会因其冷漠而产生不信任感。这一观点曾于 1987 年由库柯和伯贡提出，并于 1988 年在弗里德曼、里吉欧和卡塞拉的研究中得到了证实。

除了面部，身体的其他部位也在交谈中扮演着同样重要的角色，应该得到充分的调动。比如，通过对手势的合理运用，我们能让听众更专注于我们所说的内容。如果我们坐着和别人交谈，手的位置最好不高于下巴、不低于腹部，放在"克林顿区"——下一章会详细讲这个概念。当然，你的表情和动作也取决于从对方的话语中获取的信息、感受到的情绪。如果你做出了不合时宜的动作，比如在不该动的时候忽然晃了晃手，就可能引起误会，被认为是在挑衅，或者不可靠。

本章小结	
上身前倾	积极、感兴趣
摊开手掌	率真、诚实
露出手腕	开放、真诚
把手放在嘴边挥动	强调所说的话
张开双手，放在桌上	开放、接受
说话时辅以手势	解释自己所说的话
竖直方向的握手	平等、理解
用双手握手	信任、温暖
伸出双腿	感兴趣、接受
把头偏向一边	不设防、感兴趣、理解
微笑	善意
看着对方的眼睛	把时间比例控制在70%，有助于沟通
点头	集中注意力倾听
模仿对方的身体语言	认可、观点相似

· 第三章

正面的肢体语言
Positive Body Language

几年前，我和帕特里克曾经出过一次丑。那天早上，我们正要给几位商界领袖培训，帕特里克穿上了得体的衬衫和长裤。等到我们进了教室，才发现他忘记穿皮鞋了，脚上依然是一双洞洞凉鞋！帕特里克一开始讲课，我就立马溜了出去，用了一刻钟从家里取回他的皮鞋，让他在茶歇时赶紧换上了。

休息结束后，培训继续。我们询问学员，有没有注意到帕特里克有什么变化。他们纷纷表示没有发现什么不同，或者即便感觉到了什么，也没放在心上——那可是一双显眼的洞洞鞋啊，为什么大家都视而不见呢？这也太奇怪了。其实答案很简单：帕特里克在讲课的时候，整个人都表现得非常自信，他的气场吸引住了大家。

　　本章会教你成为一个自信的演讲者。你会像帕特里克一样，即使在正式的场合穿了错误的鞋子，也能用你的魅力俘获观众的心，让他们丝毫注意不到你脚上的洞洞鞋。本章还会一一介绍表示自信和掌控力的动作，以及如何识别这样的信号。这些动作、姿势和表情通常被称为力量动作，因为它们反映出了人们内在拥有的力量。

胜利者站姿

　　自信的演讲者都会采取胜利者的站姿。从你进入他人视线到你站定，那种从容的感觉始终伴随着你。这个姿势向他人传递的信息是：我是一个常胜将军。你的姿势和面部表情都散发着志在必得的气场。你胸有成竹、心胸开阔、声音洪亮，对听众抱以关切的态度；你放松而不散漫，保持着昂扬的精

表示自信的站姿

神面貌。你的身体语言告诉观众："我在这里感觉很自在，这是我的领地。"自信的人在进入房间时，姿势是自然、舒展的，而不是缩手缩脚的。他们就像猫一样，总是气定神闲地漫步，永远优雅而放松。

肩部放松

　　放松肩部、舒展颈部也是表示自信的方式之一。在做这个动作时，肩部微微向后张，胸部稍向前挺。它象征着斗志、力量和勇气。在史前时代，挺胸的动作代表着自信，因为勇敢露出胸膛意味着你无惧受伤。

自信、勇敢

　　保持良好的站姿，直视前方，有助于你与他人的目光交流，营造积极的沟通氛围。在商务会谈中，挺胸抬头的讲话者更能吸引听众的注意力，更能高效地传达信息。

加大下巴的运动幅度

　　在说话时，灵活运用你的下巴，也能让你显得自信。嘴

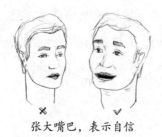

张大嘴巴，表示自信

巴张大一点，有助于发音更清晰。人在紧张或害怕的时候，下巴的肌肉会不由自主地紧缩，导致别人听不清你在说什么。为了避免这种情况，我们可以通过一些练习来放松下巴肌肉，最简单的方法就是一边打哈欠一边说出自己的名字。当然，你需要悄悄地练习，如果在演讲过程中打个哈欠来放松下巴，就要闹笑话了。

笔直的站姿

作为一个自尊自信的人，我们在站立时要抬头挺胸，不要弯腰驼背。笔直的站姿可以使你看起来好像长高了两三厘米一样。关于这一点还要注意，不要缩着脖子，要让颈部自然延伸，并直视对方的眼睛。如果你看过《007》系列电影，就会知道男主角詹姆斯·邦德在大多数时间采用的都是上述姿势。不过，邦德的表情总是冷

自信的姿势

酷的，透着一丝杀气，这一点可不太好。我们应该以温暖友好的微笑待人，在与他人合作时营造友善、亲和的氛围。这会提升合作伙伴对我们的好感度，增加印象分。友好和自信的人总是更容易成功。

放松的姿态意味着良好的掌控力

前面提到过，放松的身体姿态对人和人之间的交流是很有帮助的。其实，一个人的体态是否轻松自在，还能反映出他的自信程度，以及对情绪和身体的控制能力。假如你在企业负责招聘工作，可以在面试时注意观察面试者的身体姿态。他越放松，说明他对自己越有信心。在面试过程中，面试者表现得明显很放松或紧张时，你要多加留意。比如，你可以问他上一份工作的情况，并仔细观察他的身体姿态是否紧绷。他的肢体语言会告诉你，他为前雇主工作时，与同事的关系是怎样的，那份工作是否称心，有没有成就感。如果他的体态轻松自如，则说明他对上一份工作相当满意。

这一技巧也可用来测试人们对特定问题的反应。比如，当你询问客户是否有足够的购买预算时，如果她嘴上回答着有，身体却变得紧张起来，那么她可能没有说出全部的实情。

在交流中，人们的感受会通过身体语言反映出来，其表现为肌肉的松弛和紧绷。如果对话内容使人觉得难以应付，肌肉就会紧张；如果对话内容使人轻松愉悦，肌肉也会相应放松。

有些人的肌肉习惯性地一直处于紧张状态，这往往反映出他们对自己的期待和要求比较高。但这样的状态不见得有好处，甚至有可能会有负面作用。试想，如果你是客户，会更愿意跟紧张的还是放松的客服人员打交道呢？

我们的潜意识能够感知到他人身上的紧张信号，并倾向于避免与这样的人打交道，因为他们身上散发着焦虑的气息，让人怀疑有潜在的问题。而放松的人则带给人成竹在胸的印象，让人觉得他能有条不紊地把事情完成。如果你在工作中习惯于紧绷着身体，不妨试试去上几节瑜伽课，或者养成定期游泳的习惯；也可以给自己放个假，享受一次彻底的按摩。这些手段将有助于你放松身体，让客户跟你打交道时感到很舒适，从而帮助你更轻松地拿下订单。

直视他人的眼睛

对话时直视对方的眼睛，不频繁眨眼、不躲闪对方的目光，也是自信的标志。1986 年莱瑟提出了一个理论，如果别人在回答你的问题时，看着你的眼睛，表情坦然，并且没有用手触摸面部，那么很有可能他说的是真话，而且他对自己所言确信无疑。所以，当你询问顾客是否对新产品感兴趣时，如果她给了你肯定的答复，并在回答时目光一直追随着你，你就会知道她所言非虚了。

自信的眼神

金字塔形手势

这个手势的具体做法是：微微弯曲手指，双手指尖相对，并把手稍向前转动。在做这个手势时，可以根据你个人的喜好，把手放在胸前或与腹部等高的位置上。自信心强的人、自认为比较优越的人会习惯把手放得比较高；平时不爱使用身体语言的人，也可能用这个姿势来强调自己的存在感。这个手势还经常出现在上下级的交谈中。

同样，职场老手在布置任务或提建议时，经常使用金字塔手势。这个姿势还常见于讨论会、学术演讲、政治会谈中，它意味着说话人对于自己所讲的内容了如指掌，整个局面都

金字塔形手势
代表着自信

在其掌控之中。正因为如此，这个动作受到了各界专业人士的喜爱：医生、顶尖销售员、法官、税务专家，等等。你会经常看到这个动作在自信者身上出现，他们信心满满，对自己所说的话很有把握。

当一个自信的人倾听他人讲话时，也可能做出金字塔手势，不过这时他的手部位置一般会比较低，在腹部的偏下方。无论做出这个动作的人是在说话还是在倾听，金字塔手势都是一个积极的信号。但一定要注意这个手势出现之前的那个动作。如果先出现了负面的身体语言，接着出现了金字塔形手势，那么后者是对负面信号的确认，表示消极、否定的态度。

持球手势

这个姿势是金字塔形手势的变体，它的基本形态是：手指依然保持弯曲，但指尖不是碰在一起，而是两手相距二三十厘米，看起来就像抱着一个隐形的篮球。所以这个姿势一般被称为"持球手势"。它也是表示自信的标志性动作，但比金字塔形手势要低调、温和一些。

史蒂夫·乔布斯的持球手势

史蒂夫·乔布斯的演讲风格世界闻名。作为一个自信的演讲者，乔布斯经常用到持球手势，即双手分开二三十厘米，就像拿着一个篮球。这个手势以及乔布斯常用的其他充满自信的姿势，使得他在讲台上气场强大。即使穿着休闲装，他在观众眼中也充满了领导者气质。如果你也想变成一个散发着自信的演讲者，不妨观看一些这方面的视频，分析那些优秀的演说家是如何运用身体语言的，并自己对着镜子模仿和练习他们的动作。

竖起大拇指

很好，一切没问题

大拇指象征着自我，这一点在科学研究中得到了证实，也在多地文化风俗中有所体现。在解读与大拇指相关的手势时，要注意它的含义有多种可能性。大拇指可以代表自信，但也可能意味着强悍、自负，甚至暗示着攻击和侵略。在某些文化中，竖起大拇指的姿势表示一切都好，事事顺利——也就是我们熟悉的"没问题"的姿势。大拇指朝下则表示相反的意思：事情不顺利，遇到了问题。这个姿势来源于古罗马角斗比赛。在比赛中，如果角斗士表现得好，观众就会朝他竖起大拇指，角斗士会被赦免。大拇指向下的手势则意味着角斗士被击败在地，不幸身亡。

用大拇指指方向

如图所示，这个用大拇指指向某个方向的动作，一般意味着嘲笑他人

缺乏尊重

或不尊重别人。做出这个动作的人，在潜意识中认为自己比别人优越。所以，不要一边谈论自己的老板或同事，一边做这个动作，因为这个姿势表示你不尊重他们。

手放在口袋里，大拇指露在外面

自信、自傲或求偶意愿

之前提到过，大拇指象征着自我意识。也就是说，当一个人双手插兜站在那里，但把大拇指露在外面的时候，他的心态是自信的，且略带自傲。这个动作也有一些变体，比如，把手插在后面裤袋并露出大拇指，意味着在掩饰自己的强势。

女性可以通过运用大拇指相关动作，来提高自己的主导权，使自己所说的话更有分量。同时，她的身体重心会前移到前脚掌和脚趾上，使得整个人看起来更高大有气势一些。

双手虎口卡在腰带上

自信、自傲或求偶意愿

将大拇指插在腰带后面，其余手指放在胯部的两侧，即双手虎口卡在腰带上，围住性器官所在的位置——根据具体情境，这个动作可能意味着攻击和侵略，也可能意味着性吸引力。这个姿势一度（现在依然）广受西部片中牛仔们的喜爱，因为它让人显得很阳刚。牛仔准备拔枪前，常常会这样把大拇指放在腰带后面，像神枪手一样气定神闲。这个姿势有两个要点，一是蓄势待发的双臂，二是聚焦身体核心部位的双手。

男性摆出这个姿势，一般是为了保卫自己的领地，或者向敌人示威。女性也会使用这个动作。其实，这个姿态起源于动物世界。类人猿会把拳头放在臀部，大拇指前伸，这个动作的含义是："我是这里的老大，这里是我的地盘！"这是雄性类人猿吸引雌性的手段之一。对人类来说也是这样，当男性在女性面前做出这样的动作时，意味着他对她很感兴趣，想要发展浪漫关系。

抱住双臂，大拇指竖起

　　双臂环抱，说明这个人潜意识里想与对方拉开距离；而大拇指朝上，则代表着他对自己意见的坚持。这个姿势很有意思，因为它可能意味着隐藏的不屑。下属与上级对话时，经常会做出这个动作，这说明他对上级的观点不敢苟同，持有自己的看法，但出于尊重没有挑明。

手放在臀部

　　双手放在屁股上，表示你做好了准备。单手也能表达同样的意思，只是程度会轻一些。如果你想和别人讨论一个新项目，而他做出了这个动作，这说明她随时可以开始讨论了。同理，演讲者在演讲前做出这个动作，说明他准备充分，可以开始演讲。如果是由两位演讲者进行的报告，其中一位在演讲时，另一位站在一旁，把自己的手放在臀部的位置，这表示他对同伴的演讲内容很认同，并准备对同伴的话做出补充或深入讲解了。

命令式手势

在各种动作中，有力的手部动作是最能彰显权威和力量的。有时候，你甚至不需要用言语说明，只用手势就能表达你的意图。合理地运用各种手势，有助于你培养自己的领导气质，高效地指导下属。下面，我们将探讨若干种表示自信的手势，看看他们有什么共同点。

用食指指点

在交谈中，伸出你的食指指向对方，能让你说出的话更加掷地有声。这个动作就像古人在决斗时的出剑姿势，能显著提升你的气势。我们常常在激烈的讨论中看到人们手指对方，捍卫自己的观点。如果一个人在做这个动作时，露出了手腕的内侧，则说明他想要掩盖自己的弱点。另外，人们

布置任务、警告、
带有主导性和侵略性

在发号施令时也常常伸手指点。比如，家长可能会指着乱糟糟的房间对孩子说："不把你的卧室收拾干净，就不许玩IPad！"

在美国，曾有过一项实验，测试在演讲中听众对于不同手势的反应。第一位演讲者的手势是手掌向上，根据前文我们知道，这代表着开放和真诚。第二位演讲者在演讲时则把手放下，本章后面会提到，这代表着控制和支配。第三位演讲者则在演讲中频频指点观众。

实验结果显示，第三组的观众有三分之一在演讲结束前就离场了。也许他们自己都没有意识到，第三位演讲者的手势显得过于强势，让人觉得不适（尽管这种感觉很难用语言解释）。当人们有这种潜意识的负面感受时，一般会以肢体语言为切入点，为自己的感觉寻找合理性。

用食指指向对方的动作还可以用来表示警告和关心。我们用这个动作强调危险的信息，从而保护他人不受伤害。比如，我们会一边指着对方，一边叮嘱"不要去那个湖里游泳，太危险了"或者"别去那家餐厅，我朋友在那儿吃过以后食物中毒了"。对方就会意识到我们正在传达很重要的信息，从而更容易听进去我们的话。

掌心向下

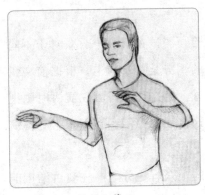

控制和管理

上一章提到过，张开手掌并把掌心朝上，意味着没有隐瞒，是诚实和开放的信号。做这个动作时，我们还可以把手伸向对方，仿佛要接住什么东西一样。比如，在演讲时，你问了观众们一个问题，并将手掌朝上伸向一位观众，那么他马上就会明白，你希望他能回答这个问题。如果接下来你请他上台互动，他应该也会同意。而如果你掌心朝下，你的听众可能就不会配合你了，因为他们会从你的姿势中感受到你的强势，这让他们不舒服。

也就是说，如果你对别人有所期求，记得说话时把手掌朝上，否则，对方可能会觉得你有些颐指气使。手掌朝下，意味着你是在布置任务，也就是说你的身份是上级。纳粹礼[1]

---

1 具体姿势是：手臂抬起约45°，手指并拢，掌心向下。

是这个动作的极端例子。

　　不过，当你需要展现自己的力量和优势时，手掌向下的动作还是很有用的。比如，当你面对一教室吵吵闹闹的孩子时，你可以抬起手再向下压，命令他们："请大家保持安静！"你也可以向天花板抬起手，或者将手放在衣兜里，都能起到类似的效果。但请切记，不要在非必要的时候使用这些动作，否则可能会招致他人反感。毕竟，没有人喜欢被呼来喝去。

人与人之间的身体接触具有说服力

　　1990年，梅杰、施密德林和威廉姆斯发表了关于身体接触的研究成果。他们证实了前人研究中的一些假设，并对男性和女性在身体接触方面的差异做出了补充研究。他们指出：

　　·女性受到的肢体接触多于男性。

　　·男性触摸女性要多于女性触摸男性。

　　·在触摸同性的频率方面，女性高于男性。

　　·在触摸孩子方面，女性比男性频繁。

　　1977年克林克的研究以及1980年威利斯和汉姆的研究，都通过实验证实了身体接触和说服力之间的相关性。

人们在被要求帮忙时（比如在请愿书上签字），如果同时被触碰到，那么他们更有可能答应这个请求。当然，也有人会因为被人触摸而受到惊吓。尽管如此，总的来说，如果你想说服别人，增加肢体接触是一个提高成功率的好办法。但一定要注意在合适的时间，用恰当的方式，触摸恰当的部位（比如上臂）。

威严有力的握手

在握手时，你可以把自己的手转个方向，手背向上偏，这样会让对方觉得你占据着主导权。不要完完全全压住对方的手，适度让你的手背朝上就可以了，对方就能感觉到你想要掌控局面的意图。

体现权威和地位的握手姿势

当两个强势的人相遇，他们在握手时会暗暗较劲。双方都想通过握手展示自己才是局面的主导者，因此都努力想让自己的手压制住对方。这种情况经常出现在立场对立的政治人物会面时。

　　如果你和别人握手时，对方给了你这样一个强势的握手动作，显然说明他们想主导局面。自信有力的臂膀，向下的手掌，无不将你置于一个从属的地位，让你不得不把自己的手掌朝上翻。这是一种强势的姿势，令人很难拒绝。如果你没有应付这种情况的经验，很可能稀里糊涂就接受了这种被动的地位。

　　那么，要如何应对这种握手方法呢？建议你在双方的手相触时马上向前走一步，这样，对方手部的位置也会跟着改变，从而让这次握手平等一些。你还可以把自己的左手放在对方的右手上，或者用左手轻拍对方肩膀，或抓住他的上臂。这些做法在强势的政治人物会面时都是比较常见的。

双手背在身后

　　这个动作代表着自信和权力。而且，由于双手背在身后，阻碍了你弯腰驼背，人会站得比较直，显

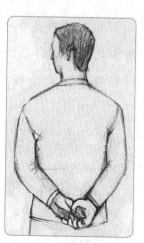

自信、较高的地位

得挺拔有精神。这个姿势对腹部、胸口和颈部等敏感部位都没有遮挡，表明做这个动作的人掌控着局面，所以不必武装自己。警察在巡逻时常常就是这样背着手的，经理在格子间巡视时也常常做出这个动作。如果在电影拍摄现场有人背着手走来走去，这个人八成会是导演。如果在会议现场有人这样做，他很可能是会议的组织者或赞助商。

双手抱住后脑勺

双手交叠放在脑后，肘部向两侧打开，这个动作表示对自己的观点很有把握，潜台词是"我有办法，这个问题难不倒我"。在对话中，这个动作能在心理上压制对

骄傲自大，"这可难不倒我"

方。喜欢这样做的人一般好为人师，也更经常讽刺和挖苦别人。

与这样的人打交道，不是件容易的事。他们总觉得自己比别人优越，想要被人仰视和称赞。我们能做的，最多也就是尽量得到他们的平等对待。可以采用以下方法让这样的人

泄泄气：丢给他们一个很复杂的问题，或者举出一些例子证明他们也会犯错误。这样，他们就会对自己没那么确定了，身体姿势也会随之改变。可能他们会抚摸自己的下巴，这意味着你的问题确实很难，需要费些脑筋。如果你们的关系允许的话，你可以在这时候用同样的姿势回敬他——把手放在脑后，表示自己占了上风。

当然，有的人只是习惯性地做出这个动作。这说明他们内心是比较骄傲的。在大多数情况下，人们是因为当时的特定情境才摆出这种姿势，而不是因为习惯或性格。比如以下场景：在一场交谈中，有人忽然觉得自己优于在座其他人；或者在大家都一筹莫展的时候，某人有了解决问题的思路。这个动作还可能表示即将做出决定。如果在双手抱头的同时，还伴随着其他积极的肢体语言，那么即将做出的这个决定很可能是正面的。

坐在椅子上，椅背朝前护住身体

把椅背朝前，胸部抵在椅背上坐着，这个动作可以表示想要占据主导权、掌控局面，或者想要保护自己免于受到攻击。如果我们这样坐着，椅背就像一道屏障一样将我们和对方隔开。我们在它的保护下，能够采取更开放的身体姿势，会感到舒适和放松。不过，这个姿势带来的开放性是有限的，毕竟椅背是一种自我保护的象征，就像中世纪的士兵们用的盾牌那样。在它的保护下，我们会变得更勇敢，说话也更有底气。正因为这样，有时这个动作会显得有些挑衅。

身体受到保护，自信心提升

当一群人在讨论问题时，如果有一个人受到群体的攻击，他可能就会采取这种坐姿。接下来，他很有可能发起反击。在椅背的庇护下，他能从心理上与其他人拉开距离，安全感和自信心都会提高。

除了椅子，还有一些其他的物体也能起到类似的屏障效果。比如，坐在车里，隔着车窗玻璃和别人讲话（而不下车）；财会人员坐在柜台后面接待顾客；主管坐在桌子后面和下属谈话，等等。有些女性喜欢随身带包也是出于这个原因，她们觉得把包放在身前是对自己的一种保护。

双脚分开一定宽度

这个姿势常见于男性。虽然一般是下意识的，但它能让别人对你印象深刻。当一个人站立时双脚分开一定距离，站在他对面的人往往也会模仿这个动作，以保护自己。在幼年类人猿群体中，也能观察到类似动作。在争夺领导权时，它们为了避免受伤，一般不会选择打斗，而是比赛站立时谁的双脚离得最远。谁双脚离得最远且不倒下，谁就能成为这个类人猿群体的首领。

坐着的时候也可以运用这个姿势。我（卡西亚）十几岁时，坐公交回家经常遇到一位喜欢这样坐的男士。他常坐在我旁边，双腿向两边分开，占去很大空间。有一天，我忽然意识到，自己是因为他的影响，才下意识地双膝并拢，收起双腿。我觉得很生气：他凭什么比别人占更大的地方呢？于是，一有机会，我就像他那样坐着，看看周围人对此有什么反

表示强势的姿势

应。一般来说，男性坐下之后总是不自觉地双腿岔开，压根儿意识不到自己霸占了公共空间。为了和他们抗衡，我决定以后要抢占先机，坐下就把双腿分开，省得别人挤我。后来，在公交车上我也这样做，果然奏效了：那位先生的坐姿不得不收敛了许多。

这种坐姿是男性的典型姿势。当我在男性乘客身边采用这种坐姿时，他们的反应非常有趣，似乎把我也当成了他们中的一员，会跟我讨论一些不一样的话题。

跷起二郎腿，两腿呈直角

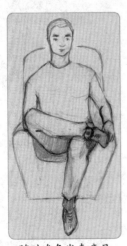

随时准备发表意见

如果一个人跷着二郎腿，并且两腿呈90°夹角（如图所示），这表示他已经准备好参与讨论、辩论或发表自己的看法了。如果他还把一只手放在踝部，另一只手放在膝盖或小腿上，这种意图就更加明显和确定。这个姿势流露出的是自信、平静和无畏。不过，它可能也只是表示这个人在这个环境中感到舒服和放松。至于如何解

读，需具体情况具体分析，还要结合我们之前提到的五条
原则。

自信的贝卢斯科尼

　　第74任意大利总理西尔维奥·贝卢斯科尼喜欢幅度
较大的、旋风式的手势，这些手势帮助他树立了自信、独
立的政治强人形象。无论是在欧洲议会上维护自己国家
的利益，还是在会见意大利警方（宪兵队）代表时优雅
从容地玩弄麦克风，贝卢斯科尼都展示出了自信的形象。
这些例子也说明，手部的大幅运动，能让人显得权威、有
力。贝卢斯科尼还非常善于运用"克林顿区"的动作（见
第63页）。

双手插兜，伸展双腿

　　要想展露自信，你还可以在坐下
时伸直双腿，并把双手插进裤兜或放
在屁股后面。资深经理、总监、公司

掌控着局面

老板经常会展现出这样的姿态。如果你想知道在场的人谁说了算，看看谁采取这种坐姿就明白了。这个姿势还表示在说话或发表意见时，内心感到自在，不受限制。当你这样说话时，人们也会更认真地倾听。

抽烟时向上方吐出烟雾

在动作片中，我们常常看到黑帮大佬或黑手党老大坐着抽烟，身体陷在椅子里，有些故作姿态地把烟圈吐向天花板的方向。这个姿势强化了其至高无上的形象。女性在和男性调情时也可能做出这样的动作。她通常会先注视着他，然后轻轻垂下眼帘——这两个小动作都表示她对他很感兴趣。

烟雾的方向——在这个动作中，即向着上方——显示出

占据主导地位，
或表示调情

这个人在当前的境况中感到舒适和满意。一支烟在手，能让一些人感到格外自信。不过，现如今很多公共场所都禁烟了，所以这个姿势就少了很多气势。现在，在酒吧和餐馆外面，你可以经常看到许多吸烟者聚在一起的景象。由于人群中不抽烟的占到了大

多数，而他们对吸烟这种行为一般持反对态度，这就导致吸烟这个动作作为身份象征的意义被大幅削弱。如今，如果你在室外看到一群吸烟的人（通常是在寒冷的天气里，他们穿得也很少），你就不会觉得他们气场强大了。

大幅度的手部运动

冷静而坚决、幅度较大的手部动作，强调了一个人的信心，是领导者常用的姿势。因其幅度较大，从远处就能被看到，所以常显得不容置疑，甚至有些令人害怕。一般来说，喜欢用这种姿势的人都对自己很有信心，总是勇于表达自己的观点，且行动力很强。在演讲或商业会议中常常能看到这样的动作，它们能激励听众，点燃人们的斗志。世界顶尖的演讲家们也喜欢使用幅度较大的手部动作，这有助于他们更有力地传达自己的观点。

不过，请务必注意，我们所说的手部运动幅度是在一定范围内的，如果幅度过大，会起到反效果。手部运动的范围，应该限制在"克林顿区"内——这个术语得名于美国前总统比尔·克林顿。在政治生涯早期，他很喜欢在演讲时秋风扫落叶般地挥舞自己的手，做出各种大幅度的动

确信无疑，独立有主见　　　　值得信赖，自信心强

作。这些手势适得其反，让观众觉得他浮夸而心虚，不值得
信任。在听取了身体语言专家的意见后，克林顿修正了自己
的身体语言。他没有放弃在演讲中使用各种动作，也没有强
行学习新的手势，而是把自己手部的动作限制在胸部和腹部
这个范围内——"克林顿区"因此而得名。

　　通过修正身体语言，把动作限制在一定区域内，克林顿
表现得更加自然了。他的演讲风格得到了改善，比之前显得
真诚许多。一般来说，将手部动作控制在"克林顿区"内，
会增加你的自信。

　　有趣的是，在2016年的美国总统选举期间，希拉里·克
林顿在演讲和辩论中也使用了同样的身体语言技巧。

正面的身体语言和自信的信号

如果你想表现得很自信，就要留意自己使用了哪些身体语言。以下是一些表示自信的信号：

· 说出口的话和身体传达的信息要一致。

· 身体放松，微微前倾。

· 保持良好的目光交流，但不要一直盯着别人看。

· 坚定的手部动作（但不要咄咄逼人）。

· 洪亮的声音。

· 运用声调来强调关键词。

· 在尊重他人的前提下，进行适当的身体接触。

强大而自信的身体语言通常有以下正面特征：

· 抬头挺胸，直起背部。

· 放松的姿势。

· 看起来平静、坦率。

· 直接的目光交流。

· 流畅、自信的手势。

· 语言表达富于节奏，有着适当的音调。

· 落落大方。

· 得体的身体接触。

· 如果说话时被打断，用身体语言进行弥补。

· 靠近对方。

自信的姿势还有以下特征：

· 颈部放松，头部微微前伸并抬起。

· 耳朵与肩膀的中线保持一致。

· 身体躯干放松，稍稍前倾。

· 背部挺直、舒展。

· 腿部伸展开，膝盖处微微弯曲。

· 臀部微微上翘。

自信与自傲之间的界线

本章中提到的动作和姿势，常见于自信的人。不过，你也能在很强势的人身上，甚至傲慢和具有攻击性的人身上，看到这些动作。身体语言总是比话语信息量更大，所以我们要学会分辨自信和骄傲自大之间的界线在哪里。

以金字塔形手势为例。一方面，这个姿势能体现出自信。比如，在面试中，面试者提到之前的工作经历时做出了这个动作，或者一名专家在面对一个很难的问题时对答如流，并摆出了这个手势——这都表示他们对自己所说的话很有把握。另一方面，如果你在日常对话中过于频繁地使用这个姿势，别人可能会觉得你自认为高人一等。这样的话，这个手势就不利于你们的沟通，而会成为交流的障碍。

人人都希望受到平等对待，希望自己的学识和观点被认同。没人会喜欢跟目中无人者聊天。因此，应用自信的身体语言时要注意适度，否则非但不能增强他人的信任、彰显自己的能力，反而会招致反感。如果你频频用手指搭起金字塔，对方可能就会觉得你有些傲慢，尤其是当对方也自认为专家内行时，你的动作就更容易令他不满了。

当对话双方都倾向于表现得居高临下时，这场交流有两种可能的结果。仍以金字塔手势为例。如果双方互相认同金字塔形手势，这个姿势就有助于他们的沟通，因为他们感受到了势均力敌。然而，如果双方都固执己见，认为对方是错误的，那么对话就会变成对峙——我们在政治辩论中常常见到这样的情况。双方都觉得"我比你厉害"，不愿意让步，对话就会演变成互相挖苦讽刺、针尖对麦芒。最终结果往往是双方越谈越糟，隔阂越来越大，无法达成一致。

在作报告或讲课时频繁使用金字塔手势，也可能会让听众或学生觉得你心高气傲，不认可他们的知识水准，想要显摆自己的水平。当然，在回答自己擅长领域的问题时，可以摆出金字塔手势，但也要注意同时使用一些有利于沟通的身体语言，避免引起误会。

　　本章中提到的大部分动作都是有助于塑造自信形象的，但一定要注意不要过分使用。否则，别人会觉得你自高自大，不好打交道。双手放在脑后的动作就是一个很好的例子。在某些情况下，这个动作表示这个人对某些东西非常确信：他的观点、回答，或者做出的决策，等等。但是，如果一个人把双手抱在脑后，同时伸展出双腿，并在对话中展露出高高在上的劲头，他的动作就会被解读为傲慢自大，人们就不愿意跟他交谈了。

　　有些姿势看似类似，可他们在不同的情境中的意义却可能大相径庭，比如这两个动作：把手放在臀部，以及大拇指伸出裤兜。前者意味着自信，但也表示开放和行动。后者虽也表示采取行动的意愿，但同时有准备应对冲突的意思。也就是说，这个动作既表示自信，也有一定的挑衅意味。如果演讲者在演讲开始时做出了这个动作，他将很难打动观众。观众们很可能会反感他，挑他的刺，在提问时故意刁难他。

体现决心和自信的身体语言

　　自信的重点是坚定——既不要太害羞，也不要太强势，而是介于两者之间。要想让他人听进去你的话，请采用平静但坚决的语气，你会发现这样比大喊大叫、恼羞成怒的效果好多了。吵吵闹闹的人，反而会被大多数人刻意忽略——也可能会被人用同样激烈的方式反击。没有人愿意听大嗓门的吵吵嚷嚷，结果他们嚷嚷得更大声了。

　　我们对身体语言和音调有本能的敏感，如果他人的声音和动作让我们觉得受到威胁，那么我们的直觉会让我们反击回去，而不是心平气和地倾听对方到底在说什么。对大多数人来说，被人大吼大叫的时候，几乎是不可能保持平静的。

　　只要你清楚、冷静、坚决地表达自己的观点，一般来说人们都会听你说话的，而且是带着尊重来倾听。如果你的身体语言是放松的，留给他人的印象是自信的，那么情况应该会向好的方向发展，至少，人们一定会用心听你说话。

本章小结	
胜利者站姿	表示自信
肩部放松	自信、勇敢
加大下巴的运动幅度	张大嘴巴，表示自信
笔直的站姿	自信的姿势
直视他人的眼睛	自信的眼神
金字塔形手势	代表着自信
持球手势	胸有成竹
大拇指	自我的象征
竖起大拇指	很好，一切没问题
用大拇指指方向	缺乏尊重
手放在口袋里，大拇指露在外面	自信、自傲或求偶意愿
双手虎口卡在腰带上	自信、自傲或求偶意愿
抱住双臂，大拇指竖起	有自己的看法，拉开距离
手放在臀部	已做好准备
用食指指点	布置任务、警告、带有主导性和侵略性

续表

掌心向下	控制和管理
威严有力的握手	体现权威和地位的握手姿势
双手背在身后	自信、较高的地位
双手抱住后脑勺	骄傲自大，"这可难不倒我"
坐在椅子上，椅背朝前护住身体	身体受到保护，自信心提升
双脚分开一定宽度	表示强势
跷起二郎腿，两腿呈直角	随时准备发表意见
双手插兜，伸展双腿	掌控着局面
抽烟时向上方吐出烟雾	占据主导地位，或表示调情
大幅度的手部运动	确信无疑，独立有主见
克林顿区内的手势	值得信赖，自信心强

· 第四章

负面的肢体语言
Negative Body Language

　　我曾见过一位社会学系的大学教授，他写的书引人入胜，知识水平很高。令人惊讶的是，尽管他课程的主题都很有意思，但出勤率却很低。我决定调查一下原因。很快，我就发现了问题所在：这位教授几乎不和学生进行目光交流。大部分时间他都在背对着学生写板书，或者躲在高高的讲桌后面。向学生提问时，他从来不伸出手臂请学生回答，好像在对着空气问问题似的，所以学生们都用沉默来回应他。结果，他就只能自问自答。假如好不容易有学生做出了回答，这位教授就会抱住双臂，低下头，用手撑着下巴，直勾勾地盯着回答问题的学生。总之，这位教授集各种不利于沟通的负面肢体语言于一体，堪称反面教材。

　　在工作会议或讨论中，如果你没有得到想要的结果，就可能会像这位教授一样，不自觉地流露出了消极的身体语言。本章会详细介绍这些姿势，你不妨回想一下自己是否这样做过。你还可以运用本章学到的知识，观察分析他人在交谈中是否出现过这样的行为。

双臂交叉抱在一起

在特定情境下，交叉抱住双臂的动作意味着负面情绪或对自己的保护。人们在感到不舒服或不安全时经常会这样做。比如，在来到一个满是陌生人的空旷场地时，或者在挤满了陌生人的电梯、公交车等封闭空间里。简单来说，当一个人的私人空间受到侵犯，而他又无法与入侵者拉开距离时，他就会做出这个动作。有些国家，在火车上读书或看报也可以把你自己和他人隔绝开来，但交叉抱住双臂的动作在全世界范围内都是通用的，它是表示受到威胁或感到不安全的标准姿势。

表示负面情绪或戒备心理

把双手抱在胸前，就形成了一道屏障，隔开了那些危险的或不想看到的东西。这个动作保护住了心脏和肺部等体内脆弱的部位，是一种无意识的反应。这一动作在黑猩猩等灵长类动物中都能见到。

如果你在演讲时发现台下有许多观众都抱住了双臂，这说明他们没能完全听懂你在说什么，或者他们不同意你的观点。其实，很多演讲者注意不到这一点，也就没能打动观众的心。

当然，你要分清这个动作是习惯性的，还是基于具体情境才做出的。同一时间这样做的人越多，这个信号也就越强。但是不要忘记我们解读身体语言的第三条基本原则——记得确认观众集体做出这个动作不是出于外部原因（比如，房间里面突然变冷了，所以大家都抱住双臂取暖）。

紧张局促地抱住手臂，这个动作还可能表示愤怒或受到威胁时的自我保护。交叉的双臂很明显就起到了屏障的作用。有些人在事态不理想的情况下会这样做，表示对现状的逃避心理。对话中的某些信息让他们感到恐惧，或者是他们不愿意讨论的私人问题。这时，如果你转移话题，就会发现他们的动作也相应发生了改变。

交叉抱住双臂，双手握拳

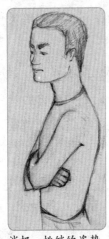

消极、挑衅的姿势，
准备发起进攻

如果和你交谈的人已经将双臂交叉抱住，然后双手又握成了拳头，这说明他的负面情绪更加严重了。出现这种情况时，就要注意他是否有潜在的不满或已经有明显的攻击性身体语言。紧握的拳头——常常还伴随着噘起的嘴巴和皱着的眉头——是表示攻击和侵略的典型信号，说明这个人准备发起进攻了。看到这样的姿势和表情，你需要改变策略，先安抚对方。你可以试着问他"那你打算怎么解决这个问题呢？"或者让他把想说的话说出来。如果你想问他问题，一定要问能得到肯定答复的那种。不能问他有哪些困难，而是要问他解决方法。

交叉抱住双臂并抓住上臂

有时，人们在抱住双臂时，还会用手抓住上臂，从而强化这个表示负面情绪的动作。这个动作的出现，表示对话中的火药味儿在增加。

　　虽然有时，抱住自己的动作能给人更多勇气，但绝大多数时候，抓紧上臂，意味着抗拒、孤立和坚决，拒绝松开手露出身体，拒绝在这场对话中敞开心扉。有时你会看到，由于手抓得太紧，以至于手指和指节都发白了。

　　交叉抱住双臂的动作还可以表示固执己见，不愿意做某事。做出这个动作的人可能有所顾虑，或反对某事，于是坚决拒绝或否认。举例来说，当一个恐高的人被朋友们拉去蹦极或一个旱鸭子被劝说跳进水里时，他很可能就会摆出这个姿势。在商务谈判中，这个姿势意味着你的合作伙伴不愿意改变主意。比如，他拒绝录取某位面试者，或者拒绝执行某个任务。因为根据他的判断，无论如何都不应该这样做。他的身体语言清楚地表示，不管发生什么事，他都拒不让步。在这种情况下，唯一的办法是和他进行恳切的深谈，试着说服他再考虑考虑。

表示消极和紧张的姿势

双手十指相扣

在某些场合、环境和氛围可能不允许人们做出交叉抱住双臂的动作。这时，有些人会退而求其次，选择一些含义相同但幅度较小的动作。比如，双手十指相扣，并放在较低的位置（或放在桌上）。这个动作表示一定程度上的紧张，没有安全感，

感到紧张、不确定

需要被保护。早在 1986 年，卢伯克和霍普就提出，这个手势在招聘面试中会给面试官留下不好的印象，因为说谎者喜欢这样做。有些年轻、经验不足的会议组织者在介绍与会嘉宾时也会做这个动作，因为他们擅长组织但不善交际，有些怯场。另外，孩子们在感到羞愧或要当众演讲时也常做这个动作。

一只手紧握住另一只手

还有一个姿势也能用身体筑起一道小的隔离带，就是一

只手紧握住另一只手。与上一个双手十指紧扣的动作相比，这个动作要稍微柔和一些。它能让人感到安全，让人回想起童年遇到难题或犹豫不决时，手被父母握住所带来的被支持和保护的感觉。这个动作能给你勇气，也在你和他人之间建立起一道不易被察觉的屏障。在合影时，如果有人觉得不太自在，他就可能采取这种姿势。一些人在很多观众面前发表演讲或领奖时，也会做出这个动作。

　　不过，还是要强调一下，解读肢体语言时要具体情况具体分析。如果在合照中，很多人都采取这种站姿，这并非意味着他们全都感到紧张不安，更有可能的原因是他们比较团结一致，所以会不由自主地互相模仿。当一个人非常不安和迟疑时，你会发现他不仅会握住自己的手，还会不时地紧抓自己的手腕或前臂。

自我保护、害羞

不易察觉的戒备姿势

　　在某些情况下，用身体摆出明显的屏障，可能是不礼貌或不恰当的——比如在某些公众场合，为了维护形象，人们就会尽量避免这样做，防止给他人留下不好的印象。但是，人们依然可以通过更隐蔽的方式，来表达自己对安全感的需要。例如，抓住自己的袖子，摸一摸身上的首饰，或者焦急地不停看表。女士们还可以围一条披肩或者围巾，作为缓解紧张情绪的道具。实际上，就这一角度来说，女性相对男性有更多的隐蔽措施，因为她们一般会背一个包，它可以作为掩护，并且不会引人注意。女性还可以假装在包里找东西，这也是一种防御机制。以上提到的动作一般都是在感到紧张时下意识地做出的，不过有时也是刻意的。

现如今，迷你的佩戴式麦克风已经非常普及了，但仍有很多演讲者偏爱传统的手持式话筒，甚至是安装在讲台上的固定话筒。因为后两者位于演讲者和观众之间，演讲者躲在话筒后面，会觉得更有安全感。以前，袖扣还在流行的年代，很多男士喜欢在公共场合把玩袖扣，比如在穿过拥挤的舞厅时。现在，袖扣不再常见，男士们若想掩饰紧张情绪，就不得不假装玩手机或手拿一个玻璃杯了。在联谊会上常常有这样的情况，大部分与会者都会手拿一杯饮品，这能让他们在和陌生人交谈时没那么紧张。

抓住一边的胳膊

在某些场合，交叉抱住双臂是不合适的，它会让你显得非常不知所措。你可以采取一个低调一些的姿势，比如弯曲一边的胳膊并抓住另一边的手肘。如果一个人做出了这样的动作，并且伸直的那条胳膊时而紧绷时而放松，这表示他内心非常气恼。

和陌生人初次见面而感到紧张不安时，我们常常会抓住一侧的手臂。这个动作发出的信号虽然隐蔽，却是明确的，它常见于交际面广但内心并不自在的人。抓住一边胳膊的动作，能让他们更好地保护自己的私人空间。出于同样的原因，我们经常看到名人、政客、电视主持人和销售人员做出这个动作。

保持距离、缺乏安全感

这个动作还有另一种形式，即把双手放在身前，但不相握。这个姿势并不容易解读，因为在很多情况下它并没有消极的含义。不过，当这个动作出现在可能有防御行为的情境中时——比如，它出现的同时，这个人还后撤了一步——这可能就表示他需要更多的安全

感。如果要想得到更精确的结论，就要运用五条基本原则来
解释。

在用手臂保护自己时，同时出现的其他动作

我们可以发现，当人们把手臂当成屏障保护自己时，有
些动作和姿势会同时或提前出现。比如：把头缩进肩膀之间，
避免目光接触，低头或紧张地搓手。这些动作和姿势都代表
着害羞、迟疑，需要支持和鼓励。

躲在讲桌等物体后面

童年时，如果遇到了不认识的小
孩、成年人或者动物，我们会抱住家
长的腿寻求庇护，躲在后面观察事情
如何发展。长大后，我们学会了得体
地控制自己的身体，不再躲在家长身
后，而是懂得运用其他的屏障保护自
己，比如我们自己的腿（或者手、胳
膊等）、物体和家具等。

保持距离、缺乏安全感

在上一章我们谈到，椅背和车门都能为我们提供保护，让我们更有安全感，说话更有底气。在某些情况下，合理运用固定位置的物体，如椅子、桌子或其他家具，能够帮助你克服紧张心理。自信的演讲者，会气定神闲地靠着椅背坐着；而畏畏缩缩的演讲者，则坐在椅子边缘，紧紧抓住扶手。这两者的差别旁人一眼就能看出。

不过，你要记住的是，无论你的内心是否紧张，固定位置的物体毕竟是一种障碍物，会对沟通形成阻碍。你躲在物体后面，会降低人们倾听的欲望。就像我们在本章开头提到的那样，那位教授难以吸引学生的注意，就是因为他站在讲桌后面，把自己和学生隔离开了。如果他能走出来站到学生面前，教学效果将会大大提高。

捂住嘴巴

有的人喜欢在讲话时把手放在嘴边，或捂住嘴巴。有时他们会假装咳嗽，试图让捂嘴的动作显得自然一些。在极端情况下，人们会用力地紧紧按住嘴唇。这是一个保护性的姿

有些话不想说出来

势，用来掩盖心中的怀疑和自信心的缺乏。然而矛盾的是，这个动作往往会造成负面的印象。而且，捂住嘴巴会让别人听不清你在说什么，也就阻碍了信息的传递。

如果一个人讲话时突然把手放在嘴巴上，一般则表示他不打算再说下去了。而他的内心反应则是感到了迷茫，或者因为压力太大而脑中空白，所以不知道接下来要说什么好。一时口不择言的人也会捂住嘴巴，仿佛想把说出的话再塞回去，或者惩罚自己的嘴巴。

将手指或笔等物品放进嘴里

将手指或某些物品（一支钢笔或者眼镜腿等）放在嘴巴里，会阻碍你和他人的沟通。因为你的动作相当于竖起了一

自我安慰

个屏障，降低了对方对你的信任感。1981年欧海尔、科迪和麦克劳林的独立研究，以及1983年欧海尔和科迪的独立研究等成果都证实，以上结论在某些场合是成立的。把东西放在嘴巴里，与用手捂住嘴类似，都会让对方看不清你嘴唇的运动，使

他们心情烦躁。这个动作还会让你说话的声音变小，发音变得不清楚。

把头缩进肩膀之间

把下巴向内收，耸起肩膀并缩起脑袋——这个试图保护头部的动作，也会干扰你与他人的正常交流。它一般意味着对潜在危险的警觉，比如对话中忽然提到的可怕事物，或者是令人担忧和不安的坏消息。如果这个动作是突然出现的，则可能意味着这个人想要后退或离开。

保护自己

长期频繁做这个动作，会对人的体态有影响。有的人弯腰驼背，可能因为他们听到新消息时习惯于缩起脖子；有的人则有着天鹅颈，因为他们比较好奇，喜欢伸长脖子探听消息。

用手指敲桌面

奈斯博罗斯和雷克斯认为，用手指敲击桌面是一种"语言之外的交流"，表达的是不适感的增加。在商务沟通中，

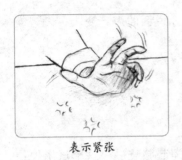
表示紧张

做出这个动作意味着感到紧张。敲击得越频繁、速度越快，表示紧张程度越高。如果你在谈话中发现对方做出了这个动作，最好试着转移话题，找出对方紧张的原因。如果你感觉对方敲击桌面是在无声地否定你的提案，就要引起注意，及时解决，才能让对话继续进行下去。

将上身和头部转向别处

将身体转向别处，可以表示不感兴趣、想要保持距离的意思。如果把头部也转过去，这种信号就会更强。转变身体的方向，可能是为了隐藏自己的不满，以避免冲突。很明显，把脸转向一边会中断人和人之间的联系，因为双方不再有目光交流。1987 年里士满、麦考罗斯基和佩恩的研究显示，把身体转向别处会让你显得不近人情。

在交流中，上半身是非常重要的区域，因为它传达的信号最密集。如果人的肩膀和肚脐部位面对的不是同一个方向，那么注意力就会不自觉地游离。还有，记得观察对方双脚的位置，注意它们的方向。当然，五条基本原则在此时依然适用，但在某些特定情况下，脚的方向就代表着人注意力所在的地方。

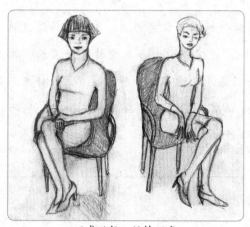

不感兴趣，保持距离

奥普拉的"友好访谈"

在长达数十年的职业生涯中，奥普拉·温弗瑞采访了数不清的明星，与他们探讨过诸多艰深的话题。她成功的原因之一，在于她极少表露出负面的身体语言。在访谈中，她经常露出自己的手腕，采用开放的、表示感兴趣的动作。这能让她的采访对象放松下来，愿意敞开心扉，在摄影棚里、摄影机前都不感到拘谨。

即使采访对象表现出抗拒或消极的肢体语言，奥普拉也能运用自己的动作，来影响和改变他们，让采访顺利进行。《时代周刊》曾将她这一创新的访谈风格概括为"友好的对谈"，区别于大多数主持人习惯的"报告式访谈"。奥普拉善于通过真诚和移情的方式，转变采访对象的负面肢体语言，让他们变得开放、健谈，从而使双方共同完成精彩的节目。

握住大拇指

你可能还有印象，在上一章中，我们提到大拇指的主要含义是自信和自我。当一个人感到不自信、需要保护时，他就会把象征自我的大拇指隐藏起来。具体做法可以是握住拳头，把大拇指藏在其中；也可以是用另一只手握住这只手的大拇指。这样的动作会

迟疑、复杂的情绪，戒备心理

让别人觉得你有些焦虑或犹豫，或者你的心情很复杂，有一定的戒备心理。

双手插兜

这个动作也会对交流产生负面影响。它表示你对当前讨论的话题袖手旁观，或者你想要与对方保持距离。另外，它还可能是遇到危险时的应对动作。把手放进衣兜，可以隐藏内心的犹豫不决，让人说话更加流畅自如，甚至发起语言攻击。也就是说，这个动作可以将缺少安全感的事实隐藏起来，以至于让人可以表现得不友好甚至是趾高气扬。尤其是衣兜里的手握成拳头时，这种心态就更确定无疑。

双手插兜的动作还可以表示不感兴趣，不想采取行动或参与活动。类似地，它还可以表示不愿或不想表现出对于对方的理解。

这个动作也有积极的一方面。它也可以表示放松和开放的心态，前提是对

袖手旁观，
防御心理

话双方互相认可。但在正式的对话中，双手插兜更容易被认为是冷漠和不友好的表现。还有，当一个人先是攥紧双手，又突然把手插进兜里，证明他已经不想与对方沟通了，甚至准备开始反驳对方的观点。

做出表示停止的手势

当一位名人走出大楼或从车里出来时，经常有记者纷纷围上去，七嘴八舌地问问题。这时，通常会有工作人员高举伸直的手臂（有时甚至是双臂），对着记者们做出停止的手势。这个手势表示这位名人对记者们的问题无可奉告，并且没有商量的余地。

表示阻止、
推辞、拖延

工作人员用这个手势制止记者时，还常常放低自己的视线，避免与他们有目光接触。

伸出手制止别人的动作，意味着否认和拒绝。它清楚地表示，你正在保护自己，试图远离那些不想要的东西。如果五指较为分开，或者伸出了两只手，则说明这种意图更加强烈，这让你能够与他人保持想要的距离。有时，在政治演讲中可以看到这个动作的变体，即伸出一只手，手心向下（上一章提到过，这个动作表示发号施令）。如果演讲者想让听众们保持安静，他就会使用这个手势。

双手放在膝盖上

如果在一场讨论中，有人突然将上身向前倾，并用双手扶住大腿，这表示他对讨论内容不认同或不感兴趣，想要结束讨论，离开这个地方。1973年，纳普、哈特和弗里德里希的研究认为，这个动作是"不适宜用以结束对话的姿势"。这个动作的另一种形式

不认可，想要离开

是把手放在椅子的一侧，像想要撑起身体那样。以上两种动作一般都会伴随着生气的表情（眉头紧锁）或者其他表示不认可的面部表情。

突然伸出双腿

在一场讨论的节骨眼，或者有新的消息出现时，如果一

准备展开对抗

个坐着的参与者突然快速地伸直双腿，这表示他不想改变自己的立场，准备开始反驳。如果这个动作还伴随着交叉抱住双臂的姿势，或者头部后缩、颈部僵直的动作，那么拒绝的意味就更强了，他们已经准备去反对甚至攻击他人了。

双手叉腰或放在臀部

上一章提到，将手放在臀部或髋部，说明你已经准备好采取行动了。这是一个自信的姿势，它表示推动事情向前发展的意愿。然而，在其他场景中，它也可能被认为是具有挑衅意味和攻击性的动作（尤其是手的位置更清楚可见、体态更有气势时）。这个动作有点像孔雀开屏，这样做的人想要让自己显得更高大威猛，以震慑竞争对手。如果有人将手放在屁股上并发出指令，这会强化他的领导者形象。如果对方不服气，则这个动作会更容易激起他

挑衅，占据主导

们的不满。如果男性对女性做出这个动作，这表示他看上了她，想要表现得很阳刚，让她记住自己。

政客撒谎时喜欢用食指指人

有个现象很有意思：喜欢说假话的公众人物更倾向于使用具有挑衅意味的姿势。在被人质疑或追问时，他们往往表现得很诧异。在大庭广众下说谎时，心中的不安使得他们恼羞成怒，想用怒气掩盖自己的紧张——这是最简单的方法。说谎的政客常用的一个动作，就是用食指指点或晃动食指。尼克松总统因经济问题被质疑和控告时，就常常这样做，有时他还会用拳头捶向讲桌。比尔·克

林顿曾颇有威胁意味地摇晃自己的手指，并说出了那句
著名的"我没有跟那个女人发生性关系"。

用食指指向对方

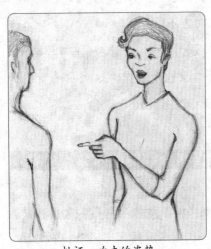

批评、攻击的姿势

在第三章中我们提到，用食指指向对方表示控制和支配，或者警告、批评的意思。这个动作还会使得交流中断，因为它会让你的对话伙伴产生负面的感受。如果你在谈话中把食指晃来晃去，用不了多久，别人就会对你产生敌意和反感。假如你的身份地位不足以让你有"权力"使用这个动作的话，那么对方很可能会感到不受尊重，并用行动表示自己的不满。你可以留意一下，在剑拔弩张的政治辩论中，人们会频频向对方伸出食指。另外，夫妻吵架也是一样。

　　如果父母频频向孩子伸出食指，会对亲子关系产生不利影响，因为这样的动作增强了距离感，让孩子觉得自己不被爱、不受尊重。如果家长在伸出食指的同时，其余四指握成了拳头，孩子就会更加明确地接收到这种信号。家长的拳头握得越紧，意味着消极情绪越严重，对孩子的负面影响也就越大。另外，有节奏地、带有恐吓感地前后摆动手指，会使得这个动作得到进一步加强。校长在批评犯了错的学生时会这样做。在被这样批评时，学生往往会低下头，感到无地自容。

　　由于伸出食指的动作会让观众在潜意识里产生负面情绪，所以我们不建议你在演讲或作报告时，用食指指点写字板或黑板上面的内容。比较好的做法是伸出手掌，而不是只用食指。做到这一点需要经过一些练习，因为我们都比较习惯于用食指来指指点点。不过，用展开的手来指示东西的效果是非常明显的，观众们会觉得你的演讲变得引人入胜了，也会更集中注意力听你说话。

低下头并露出疑惑的表情

　　当一个人在看别人时，收起下巴，低着头，露出瞳孔下

表示负面情绪，
批评的态度

方的眼白，说明他在表达不满，有批评或者攻击性的情绪。类似的动作还包括眯起眼睛和皱起眉头。如果你在提出一个想法后，对方露出了这样的表情，那么你可能会有麻烦了。这表示，你提出的想法没有得到对方充分的信任和认可。这时候不要一意孤行，比较聪明的做法是采取迂回对策。比如，你可以提出一些别的想法，或者问问对方为什么不喜欢你的提议。你应该调整目标，先让对方的身体语言向积极的方向靠拢。可能出现的正面信号包括表示开放态度的站姿、前倾的身体（通常表示感兴趣）、真诚的微笑，或者身体斜向一边并露出沉思的表情等。

头向后缩，颈部僵直

否认或拒绝的态度

在交谈中，如果对方把头部向后缩起，同时脖子看起来有些僵硬，请你做好心理准备，因为他要开始反驳你刚刚说的话了。头部后缩，表示他想要和你以及你的观点拉开距离。僵硬的颈部则表示对这种态度的强调。具体来说，颈部的松紧程度象征着我们心态的灵活程度。颈部僵硬的人，一般心理上比较封闭，不灵活，不开放，难以接受新事物和他人的不同观点。

头部下沉，耸起肩膀上下抖动

自我保护，缺乏安全感

把头部压低，并紧张地耸起肩膀上下抖动，表示想要保护自己，这一点在各种情况下都成立。比如，有人忽然感到很没有安全感，就会摆出这样的姿势并喊道："我真不知道该怎么办了！"如果情况没那么糟糕，他的肩膀会很快放松，回到正常的位置。然而，如果问题比较严重，需要深思熟虑，那么他的肩膀就会久久无法放松下来，头部会长时间地保持在较低的位置。根据1985年哈珀的研究，有这样表现的人更容易接受一个任务或者提议。

抬起头

如果对方说的话让我们感到惊讶或紧张，不敢苟同，我们通常会快速地抬起头直视对方。这个动作表示我们的抵触心理被触发了，对话进入了你来我往的对峙阶段。我们的头部就像一个控制塔，当我们感到有地方不太对劲时，就会调整角度，想看清楚到底是哪里出了问题。

表示不同意

抬起下巴

表示傲慢和对抗

头部后仰，抬起下巴，展示出颈部的正面，而不是侧面的颈静脉时，表示你想要和对方比试比试，说明你感到自己比他强。暴露出脆弱易受伤的颈部，说明你觉得自己无所畏惧。所以，这个动作常常被认为是傲慢自大的表现。你可能在街头斗殴将要发生时，看到争执双方都趾高气扬地昂着头。他们想要告诉对方自己才是老大。人们在做这个动作时，常常会伸展身体，挺起胸膛，双手叉腰。在谈判中，如果有人向你做出这个动作，则不是一个好的信号。

用手撑着脑袋

感到无聊，
表示负面的态度

一般来说，如果一个人把头偏向一边，并用手撑着脑袋，这说明他感到有些无聊了。头部越倾斜，表示他越觉得没意思。也就是说，这个动作意味着对谈话内容的批评心态和负面态度。该姿势的变体包括用双手撑住两侧脸庞，或者用大拇指支撑着下巴。

双腿交叉地跷起二郎腿

根据场合和情境的不同，这个动作也有不同的意义。在解读时，切记运用我们的五条基本原则。比如，如果一个人突然改变坐姿，跷起了二郎腿，这可能是身体在对刚刚听到、

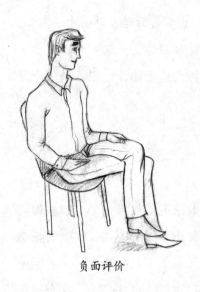

负面评价

看到或想到的事情做出反应。类似的，如果一个平时喜欢伸直腿的人，忽然在对话中的关键时刻跷起了二郎腿，这可能表示紧张、抗拒或者怀有戒心。双腿交叉的动作起源于史前时代，本意是保护生殖器官。不过，要记住这个动作也可能有其他的含义。在特定情况下，它可能表示害羞或者谦虚：比如在职场中，下属在和更有经验的员工交流时，或者在听报告、接受培训时，当他感觉学到了东西，就可能会做出这个动作。另外，有时这个姿势只是为了方便，比如在听演讲或参加研讨会时，跷起二郎腿并把笔记本放在腿上，以便于记笔记。

在女性身上，这个动作往往比较单纯，附加的负面意义会少很多。因为她们从小就被教导要保持这种坐姿，尤其是穿裙子的时候。所以，她们形成了这样的坐姿习惯，即使穿着裤子，也会跷二郎腿。不过，如果是在特定情境下的关键节点，突然跷起二郎腿就会有特殊的含义。

双手和双腿都交叉着跷起二郎腿

如果一个人突然抱起双臂，交叉双腿跷起二郎腿，这意味着他想要离你远一些，甚至不想继续讨论下去了。在手臂和腿部形成的这种双重障碍下，如果你想要让他打开心扉，基本上很难成功。出于某些原因，这个人要么没有兴趣继续谈

拉开距离，负面态度

下去，要么有着和你截然不同的观点，但又暂时不打算说明白。遇到这种情况，你只能换个话题，看看对方会不会给你一些积极的身体信号。你可以试着问一个确定能得到肯定答案的问题，尽量把对话的气氛拉回正轨。

两腿呈直角地跷起二郎腿

之前提到过，这个动作是自信的体现。然而，在某些情况下，它可能意味着你有不同意见，并且准备发表自己的观

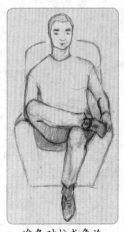

准备对抗或争论

点了。从这个层面看，也就不难理解为什么这个动作常出现在男士们开始争辩之前。而女士在准备发表意见时，往往采用别的动作表达自己的情绪。

这个动作有一个升级版，即在这种坐姿的基础上，用手抓住位于上方的那条腿。这意味着坚决捍卫自己的观点，不轻易动摇。在这种情况下，原本表示正面、自信的动作反而会让对话向着负面方向发展。

从脚踝处交叉双脚

如果你在交谈中的某个重要时点突然并拢脚踝，对方会觉得你对于谈话内容有负面看法，或者有些戒备心理。这个动作还表示，你对这个话题有所保留，没有透露全部的信息。如果再加上把手放在膝盖上或者紧握住椅子扶手的姿势，那么，并拢脚踝的动作代表的

防御心理，有所隐瞒

消极情绪和批评意味就更深了。

闭上眼睛

　　闭上眼睛，意味着你不想看
到某些东西。如果你对于谈话内
容不感兴趣，但对方还是滔滔不
绝，你就可能会闭上眼睛，久久
不愿睁开，以避免看到对方。另

拉开距离，不感兴趣

外，当一个人刚刚进入一个房间时，已经在房间里的人可能
也会这样审视他。如果房间内的人对新来者感兴趣，眼睛就
会睁得大一些；如果不感兴趣，眼睛就会闭一下。

　　如果你对他人正在谈论的话题不感兴趣，觉得很无聊，
也可以闭上眼睛，中断目光交流。如果是在某些乏味的会议
上，你会发现这个动作让你更加昏昏欲睡了。

　　闭眼睛的动作再加上向后仰头，是一种自带优越感的姿
势。如果在对话中你发现对方这样做，那么很可能他已经不
想和你交流了，所以你需要换一种沟通手段。不过，不要把
闭眼睛的动作和刻意挤眼睛的动作混淆了，后者的含义是完
全不同的——它实际上相当于一个低调的点头动作，意味着

同意或确信。这两个动作的主要区别在于，后者的速度会慢一些（但在分辨时不要忘记运用五条基本解读原则）。

我们该如何应对负面的肢体语言?

有很多动作和姿势都会打断人与人之间的交流。最明显的是用身体建立起屏障的动作，比如交叉双臂或双腿，或者主动和对方拉开距离。这些身体语言都表示对方不想跟你开诚布公地谈话。对方这样做的原因是多种多样的，例如犹豫不决、害羞，或者是负面的态度（针对你个人或者话题）。这些原因使得对方无法完全信任你。

在这样的情况下，你可以试着运用更多积极的肢体语言来回应对方。同时，你必须注意，自己的身体语言不要显得过于自信，以至于让人觉得你有些傲慢。否则，你也在不知不觉中为对话增添了障碍。如果真的发生了这种情况，要及时调整姿势，让对话回到正轨。

另一类消极的肢体语言则是带有攻击性的，包括用食指指向他人，双手叉腰或放在屁股上，抬起下巴，等等。这样的姿势必然将对话演变成对抗。如果你的交流伙伴频繁释放出这种信号，你可以询问他自己是否说错了话或做了不妥的事，引起了他的反感。有时候，一句简单的道歉就能让气氛恢复正常。同样，有可能是你姿势不恰当而不自知，让对方误以为你很有优越感，没有把他放在眼里，所以他才会用负面身体语言和你对抗。

如果以上内容对你都不适用，那么可能你的交流伙伴天性就比较消极，这是你难以改变的。如无必要，就尽量不要和他交谈了。如果不得不和他说话，可以试试改变对话的情境，比如换个场所或者换个主题，试试看能否找到你们的共同话题。

本章小结	
双臂交叉抱在一起	表示负面情绪或戒备心理
交叉抱住双臂，双手握拳	消极、挑衅的姿势，准备发起进攻
交叉抱住双臂并抓住上臂	表示消极和紧张
双手十指相扣	感到紧张、不确定
一只手紧握住另一只手	自我保护、害羞
抓住一边的胳膊	保持距离、缺乏安全感
躲在讲桌等物体后面	保持距离、缺乏安全感
捂住嘴巴	有些话不想说出来
将手指或笔等物品放进嘴里	自我安慰
把头缩进肩膀之间	保护自己
用手指敲桌面	表示紧张
将上身和头部转向别处	不感兴趣，保持距离
握住大拇指	迟疑、复杂的情绪，戒备心理
双手插兜	袖手旁观，防御心理
做出表示停止的手势	表示阻止、推辞、拖延
双手放在膝盖上	不认可，想要离开

续表

突然伸出双腿	准备展开对抗
双手叉腰或放在臀部	挑衅，占据主导
用食指指向对方	批评、攻击的姿势
低下头并露出疑惑的表情	表示负面情绪，批评的态度
头向后缩，颈部僵直	否认或拒绝的态度
头部下沉，耸起肩膀上下抖动	自我保护，缺乏安全感
抬起头	表示不同意
抬起下巴	表示傲慢和对抗
用手撑着脑袋	感到无聊，表示负面的态度
双腿交叉地跷起二郎腿	负面评价
双手和双腿都交叉着跷起二郎腿	拉开距离，负面态度
两腿呈直角地跷起二郎腿	准备对抗或争论
从脚踝处交叉双脚	防御心理，有所隐瞒
闭上眼睛	拉开距离，不感兴趣
闭上眼睛，头部后仰	拉开距离，优越感强

·第五章

肢体语言是如何反映情绪的
How Body Language Reveals Emotions

　　有一次，帕特里克和一位人力资源总监交流，商谈给她的管理团队进行身体语言培训的事宜。帕特里克注意到，她的身体语言非常开放和积极。这很可能表示（也确实表示）她对我们的提案很认同。的确，她对我们的项目表现出浓厚的兴趣。

　　但是，当她公司的 CEO 来到会客室时，情况完全改变了。看起来，人力资源总监对 CEO 的到来感到害怕。她的肩膀紧张地收缩起来，说话的声音变小，而且她开始玩弄自己的头发。很明显，她畏惧自己的老板。她展现出的身体语言，清晰地揭露了她和她老板之间的关系。他们的关系是支配与从属的，而不是信赖、开放的伙伴关系。他们之间缺乏自由的意见交流，她无法在老板面前畅所欲言。

从身体语言来看，CEO 并不是一个咄咄逼人的上司，但他很明显地想要与周围的人保持距离。他不允许别人看穿自己的想法。如果你近距离观察，就会发现他内心更多的真实想法，以及他与其他人的关系如何。即使是粗浅的分析，也能让我们看出他和人力资源总监之间的关系，从而了解这家公司的权力结构。

"身体语言可以揭示出一个人真正的想法。"

点头表示同意

表示确认和同意地点头动作的历史可以追溯到中世纪时期。在许多地区的文化中，头部向下轻点都表示尊重。在我们的日常对话中，它表示我们接受和同意对方的观点。

专注、同意、接受、倾听

不过也有一些例外。比如在保加利亚，点头表示"不"的意思。在日本，点头表示认真聆听，但不见得一定同意。

在西方国家，人们的感情比较外

露，点头表示确认、赞同，尤其是一边点头一边微笑时，确认感会更强。此外，点头还表示对你说的话很感兴趣。早在1989年，拉姆兰德和琼斯就指出，点头这种正面的回应动作，在对话中能够增进双方沟通的效果。

在业务会谈中，你要留意对方是否用点头的动作表示认可。初次点头往往表示真诚的同意，即便紧接着就是表示"不"的摇头动作。这种情况一般发生在对方想要隐瞒自己的肯定时，它可能是一种谈判技巧。我们之前说过，自发本能的身体语言从不会说谎。一个简短、下意识地表示"是"的点头，反映出内心的正面看法，即便是在最激烈的讨论中也是如此。

摇头表示否定

不同意、否认、惊讶、强调某种情感

当一个婴儿吃饱后，他会摇一摇自己的脑袋。对他来说，把头部从一边转向另一边是表示否定的最简便方法，所以在大多数文化中，摇头都表示否认或拒绝。摇头动作还可能出现在我们受到惊吓时，比如发生了意料之外的事情，或者听到了意想不到的话。不过，分析这个动作时，还是要记得我们的五条基本解读原则。因为在有些情况下，摇头可能会有完全不同的含义，或者仅仅是对某种感情的强调。

把物体或手指放在嘴里

在上一章中我们讲过，把东西放在嘴里是缺乏安全感的行为。不过，这个动作还可以表示受到外界压力，或者自己给自己施压。当我们还是小孩子的时候，家长会在我们哭闹时往我们嘴里塞一个奶嘴，以安抚我们。因此，奶嘴是安全感的一种象征。

感到不确定、
需要安全感

所以，有些成年人在遇到困难时仍会想含着一个东西。把某些物体或手指放在嘴里的动作，反映了他们对安全感的需求，能让他们感到有所依靠。这种做法大多是潜意识的，有许多物体都可以发挥这种作用：手指、香烟、笔、眼镜腿等。

拨弄头发

害羞、不安、
女性在散发吸引力

用手抚摸头发，表示害羞或者不安。这种含义在很多古老文化中就已经出现，并不是最近才有的。例如，一位经理带着客人参观公司，当她有些不知道自己该如何表现时，可能就会做出这个动作。再比如在重要会议上介绍新的项目时，报告人也可能会出于紧张而拨弄头发。另外，女性还可能通过抚弄头发来吸引男性的注意，或者通过这个动作表示对男性感兴趣，尤其是当她一边抚弄头发一边抛媚眼时，这种意味就更加明确。

挠头

挠头的动作可以表示对要说的话、要做的事感到害怕、拿不准，尤其是用右手挠头时（因为右手和掌管理智决策的左脑相连）。用右手挠头皮，表明你不知道问题的答案，

用右手挠头表示欠缺知识和了解，需要帮助

不懂得要怎么做，需要帮助。如果你用左手挠头（左手与掌
管情感的右脑相连），则表示你早晚会自己想出办法的。也
就是说，用左手挠头主要表示一时的犹豫不决，并没有求助
的含义。

摩挲下巴

沉思、缺乏安全感

在特定情境下，抚摸下巴可能是缺乏
安全感的信号。比如，当一个人说出自己
的答案，但感到没有把握，不知道其他人
会怎样看待自己时；以及刚听完一个提案，
需要思考并做出决定时。在这些情况下，
要留意是否有其他表示积极或消极意义的
身体语言。如果在抚摸下巴的同时出现了
这样的身体语言，说不定你就可以在对方开口前推断出他的
想法了。

捂住嘴巴

上一章提到过，用手捂住嘴巴，会在对话双方之间设立

障碍。但是，这个动作有各种变体，能
表示不同的含义。我们这里要讲的是手
掌按住嘴唇，而手指放松伸展的动作。
这个姿势表示迟疑、不确定，还可以表
示话说出口就立马后悔了，以及不同意
别人刚说的话。如果有人说谎后感到紧
张，下意识地捂住嘴就可以让他放松一

不确定、困窘、
受到惊吓

些，因为这样别人就看不清他不安的表情了。

　　捂嘴的动作还可能在其他情况下出现，比如在得知噩耗
时，以及亲眼目睹了意外事故或危险情况时。你可以根据捂
嘴动作的时机、手的位置和当时的具体情况来判断到底是哪
一种含义。

动作中蕴含的基本情绪

　　要想推断人的想法，微表情——面部肌肉的短暂收
缩，是最可靠的依据。我们将会在第七章中详细介绍。微
表情是面部表情的一个分支，它可以向我们揭示七种基本
的情绪，这些情绪基本都是由大脑中的边缘系统控制的。
你可以在对话中捕捉到这些下意识的情绪信号。从以下

身体语言中，你可以看到这七种情绪的蛛丝马迹：

·高兴：表示热情的姿势，比如兴奋地搓手，或者兴高采烈地点头。

·厌恶：表示逃避的姿势，比如把手放在身前，或把身体转向一侧。

·轻蔑：表示过分自信或高傲的动作，比如把手放在脑后，收起下巴或者头部后仰。

·愤怒：具有攻击性的动作，比如握紧拳头或者把手背在身后。

·恐惧：表示犹豫的姿势，比如手发抖，或者缩起头部。

·悲伤：与他人拉开距离，拒绝和外界交流的动作，比如一些僵硬的防御性姿态，避免目光接触等。

·惊讶：突然集中精神的动作，比如快速眨眼，或者向前探身想要看得更清楚。

眼睛向下看

当一个人感到悲伤，或因为说了傻话、做了傻事而后悔

不确定、害羞

时，他会垂下眼睛，好像在看着地板。这个神态表示无所适从、不安，不想再和对方有眼神交流。这种躲闪的眼神还可能出现在资历浅的员工偶遇大老板时。仔细观察这个动作，你可以了解团队成员各自的心理状态。

弓起背部

如果一个人在谈话中垂下肩膀，弓起背部，可能表示他不想再进行深入沟通，也可能因为他对于对方有意见。尤其是当弓背的动作伴随着严厉的眼神，以及头部下垂（或高高抬起）的姿势时，这个意思更加严重。如果你想要反抗这种带有压迫性的身体语言，可以挺起自己的胸膛。

缺乏继续
对话的动力

肩膀后展

这个动作的含义与上个动作是相反的。肩膀向后展开，也就让胸膛更加突出，令人瞩目。这个动作表示开放的心态，还意味着乐意倾听和专心致志。你经常能在大街上看到这个动作——当一个人遇到他喜欢的人时，就会不自觉地挺胸。肩膀后展，挺起胸膛，表达的是热情和积极的情感。

开放、专注、
感兴趣

头部向内缩

害怕，需要保护

之前的章节提到过这个动作，它类似于乌龟受惊时把头缩回龟壳里的防御机制。在感到害怕时，有的人会耸起肩膀，缩起脖子。紧张的肩部保护着颈部，表明害怕、需要被保护。

当有人像这样紧绷起肩膀时，还表示他们想远离当下的环境，或者独善其身。这个动作告诉我们，他们对于进一步的沟通没有兴趣。或者，他们感到手足无措，需要一点时间恢复镇定。在有些情绪消沉的人身上，你也可以看到这个动作。另一方面，这个姿势也可能仅仅表示这个人有些悲伤（或者只是觉得冷），因为悲伤是一种偏寒冷的情绪，人在悲伤时身体会缺少能量和活力。同时，害怕也是一种寒冷的情绪，让人起鸡皮疙瘩；而愤怒是偏暖的情绪，愤怒的人脸会变红。

肩膀下垂

这个动作表示屈服和软弱。你可以在以下场景看到这个动作：一位销售人员失去了大客户，并且已无力挽回。他在向老板汇报这件事时，就会垂下肩膀。

投降、软弱

耸肩

冷漠、不知道、烦躁

这个姿势表示没有兴趣继续进行对话了。它传达了冷漠不关心和怀疑的信号。当你试图说服他人接受一项高难度的工作时，可能看到对方做出这个动作。对方的耸肩，表示他觉得你的要求很不合理，并且不准备接受你的说辞，不愿意和你商量。

这个动作还可以表示不愿意做出决定。当然，也可能仅仅是这个人不知道该如何决定。在这些情况下，耸肩可能是不耐烦的表现。它还可以用来表示你不想听到别人正在谈论的事。

双手十指相扣

我们之前提到过，双手十指相扣意味着灰心沮丧。在某些情况下，它也是一种掩饰不安的方式。比如，在一场重要的面试中，或者当你为某件事感到担忧时，都可能做出这个动作。此外，这个动作还可以用来隐藏消极的态度。

在解读双手相扣的动作时，要注意当时的具体情况。比如，这个人可能把肘部放在桌子上，然后把

沮丧、迟疑

相扣的双手举到面前；也可能十指交叉放在桌子上或者腹部（当此人站立时）。无论采取哪种姿势，双手握得越紧，指关

节越白，表示他们越灰心丧气。

搓手

足球运动员在队友罚球时会搓手，这表示他希望队友能够罚进得分。汽车销售员在客户决定买下一辆新的奔驰时也会搓手。在以上这些情况中，要想解读搓手动作的含义，就要特别关注它的速度。如果一个人快速地搓手，表示事情对大家都有好处，我们都会为结果感到满意。

不过，如果汽车销售员期待的结果只对他自己有好处（比如，完成这一单会有丰厚的佣金，但会损害客户的利益时），他很可能会比较慢速地搓动双手。你可以经常在老电影和卡通片中看到"坏人们"这样做，这表示他们心里正在打着邪恶的算盘。

快速搓手表示对大家都好，慢速搓手表示只对自己好

抓住手腕

抓住自己的手腕是一种沮丧的信号，也表示正在努力控

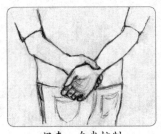

沮丧、自我控制

制自己的情绪。双手可以放在身前，也可以放在身后。当手放在身前时，也就形成了一道屏障；当手放在身后时，也就不容易引起注意，使得消极的情绪不易被他人察觉。如果被抓住手腕的手握成了拳头，通常表示在压抑自己的恼怒情绪。

在解读这一动作时还要注意，被抓住的手腕也是很重要的。你需要观察，是左手手腕（连接着掌管情绪的右脑）被握住，还是右手手腕（连接着负责理性思维的左脑）被握住？还有，抓住手腕的手越往上，身体的姿势越局促，则说明沮丧的情绪越严重，尤其在手臂背在身后时更是如此。

双手发抖

当一个人的双手在发抖时，我们可以确定他正在经历剧烈的情感波动。这种情感可能是被压抑的恐惧，比如在作报告之前感到很紧张；或者是在激烈的讨论

忍住怒气或恐惧，紧张

和谈判中试图控制自己的怒气。还有一种情况与双手发抖类似，即迅速且混乱地舞动双手。这两种动作，含义基本上是一样的。乱舞双手给人的感觉是不和谐、不对劲——因为身体动作和说出口的话不一致。因此，这个动作表示紧张。

放松的手腕

在非语言沟通中，手和手腕扮演着重要角色。如果你的交谈对象手腕很放松，这是一个好的信号，因为这表示他愿意聆听，对你说的话很感兴趣。当对方说话时，放松的手腕表示善意、对你的关心，以及不会一味地想要说服你。人在抚摸他人或者身体时，手腕是放松的，所以这个动作在对话中有着积极的含义。但前提是，一旦出现消极的动作，就会和这个姿势相抵消。

开放、感兴趣、令人信服

僵硬的双手

上一个动作的相反面是僵硬、笨拙的手部动作。它表示

紧张、压力

对谈话的另一方不熟悉，或谈话双方关系很一般。僵硬的双手还反映出紧张和压力，表示在讨论中需要有感情上的依靠。1975年，艾克斯兰、埃利森和朗恩提出：在沟通中身体语言不够流畅的人会被认为能力不足。僵硬的手部动作可能表示被压抑的恐惧情绪，或者是愤怒的信号。仔细观察动作细节，你将会得出更确切的结论。

双手握拳

早在史前时代，双手握拳就是敌意的象征。这个动作不但代表着攻击性和愤怒，而且还是潜在的挑衅信号。在商务场合中，对人动粗是不可能的，但你可以握紧拳头来表达你的情绪。

生气、攻击性

手指敲击桌面

不耐烦、不把人放在眼里

上一章我们提到，在交谈时把玩物件不利于沟通。轻敲桌面或者是跺脚也表达了类似的烦躁，说明对正在讨论的内容的不认同。此外，它还可能意味着想要忽略眼前的交谈者，因为他们说的话令人感到乏味。如果遇到这种情况，建议你尝试辨认出对方焦躁感的来源，弄明白他为什么会感到无聊。如果要将对话进行下去，你可以转移话题，或者是直接讨论核心问题，不再兜圈子。

双脚稳稳地放在地面上

这个动作就像大树把根扎入地面一样，传达出坚定和自信的信号。紧张或者没有安全感的人是不会做出这样的动作的。放松和稳定的双脚象征着平稳和沉着。

确信、良好的平衡

双腿或双脚张开

当一个坐着的人的双腿或双脚分开，占据很大空间时，说明他感到平静和舒适，掌控着自己的空间。这个动作反映了积极的情绪，同时对他人释放出了善意的信号。它还表示较高的自信程度，仿佛在说"我不怕，我很强大，很重要"。

正面的情感、自信

僵硬的腿脚

就像僵硬的双手一样，僵硬的腿和脚也传达出负面的信息。这样的姿态可能表示对他人所说的话不感兴趣、不认同，想和他人保持距离，甚至是对沟通的抗拒和逃避。腿部（全身基本上都适用）的僵硬，意味着这个人对

保持距离，抗拒和逃避

于参与沟通失去了兴趣。

上身的方向代表着注意力所在

如果对方把他的上身（包括腹部）朝着你，并且没有交叉抱住双臂或者交叉双腿，这一般是良好的沟通信号。这样的姿势表示他很专注，对你说的东西兴趣浓厚。这是正面情感的表示，也意味着他比较自信。

感兴趣、积极的情绪

身体转向别处，改变姿势

当一个人虽然坐在你对面，但身体转向别处，尤其是当他频繁地改变自己的姿势时，则代表着回避沟通或者是抵触的意思。这表示你的交谈对象对于话题没有兴趣，不想再继续聊下去。你

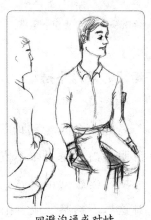

回避沟通或对峙

要留意这个动作发生时对话正进行到何处，这样你就可以弄明白到底是哪里出了问题。这个姿势还可以表示紧张不安或者害怕。

僵硬地坐在椅子边缘

这显然不是一个舒适的坐姿。出于某些原因，当一个人无法采用更舒服放松的坐姿时，只好这样坐着。可能他们感到缺乏安全感，或者恐惧。但可以确定的是他们正处于某种压力之下，否则不会这样跟自己过不去。

没有安全感、恐惧、紧张

走路时双臂不摆动

当一个人走路时不摆动双臂，说明他内心是紧张不安的。周围的环境让他感到不自在。也许因为他对这里不熟悉，或者陌生人的注视

不安

让他觉得不舒服。在聚会或者联谊活动中经常能看到这样的体态，有的人在这样的场合中感到放不开，走路的姿势就会僵硬。

一边走路一边放松自己

有时你会看到人们一边走路一边摇头晃脑，有时还会突然缩起肩膀，然后又放松下来。这是一种解放自我、排解压力的方式。比如，在经历了一场紧张的谈判后，人们会采用这种姿势舒散刚刚的压力。

甩掉压力

本章小结	
点头表示同意	专注、同意、接受、倾听
摇头表示否定	不同意、否认、惊讶、强调某种情感
把物体或手指放在嘴里	感到不确定，需要安全感
拨弄头发	害羞、不安、女性在散发吸引力
挠头	用右手挠头表示欠缺知识和了解，需要帮助；用左手挠头表示迟疑
摩挲下巴	沉思、缺乏安全感
捂住嘴巴	不确定、困窘、受到惊吓
眼睛向下看	不确定、害羞
弓起背部	缺乏继续对话的动力
肩膀后展	开放、专注、感兴趣
头部向内缩	害怕，需要保护
肩膀下垂	投降、软弱
耸肩	冷漠、不知道、烦躁
双手十指相扣	沮丧、迟疑
搓手	快速搓手表示对大家都好，慢速搓手表示只对自己好

续表

抓住手腕	沮丧，自我控制
双手发抖	忍住怒气或恐惧，紧张
放松的手腕	开放、感兴趣、令人信服
僵硬的双手	紧张、压力
双手握拳	生气、攻击性
手指敲击桌面	不耐烦、不把人放在眼里
双脚稳稳地放在地面上	确信、良好的平衡
双腿或双脚张开	正面的情感、自信
僵硬的腿脚	保持距离，抗拒和逃避
上身的方向代表着注意力所在	感兴趣、积极的情绪
身体转向别处，改变姿势	回避沟通或对峙
僵硬地坐在椅子边缘	没有安全感、恐惧、紧张
走路时双臂不摆动	不安
一边走路一边放松自己	甩掉压力

· 第六章

解读面部表情
Interpreting Facial Expressions

在我们与他人的交流中，面部是最重要的信息来源，因为它是我们最容易看到的身体部位。大多时候，我们的目光都停留在谈话对象的面部，我们也最习惯于通过面部表情表达自我，进行沟通。

在史前时代，从别人的面部表情中解读出愤怒的信号是一种重要的能力，有时甚至能影响人的生死。从进化的角度来看，有一个有趣的事实——表示负面情绪的面部表情种类要比表示正面的多得多。在本章中，我们对前者的讨论也会相对多一些，以帮助你在遇到这方面问题时能合理应对。学习本章之后，如果你看到对话伙伴的表情不太愉快，就能知道应该怎样做才能恢复良好的沟通氛围了。当然，如果对方的表情一直比较愉悦，那就再好不过了，这说明你们之间的气氛是融洽、开放的。

刚出生的婴儿已经具备了辨识人脸的能力。研究表明，刚出生一天的宝宝已经能够识别各种微表情，即便他们自己都还不会做这些表情。从我们开始认识这个世界起，脸部就是外界最重要的一种刺激。在本章中，你会学习到面部会传达哪些信息，以及如何解读这些信息。在下一章中，我们会分析面部表情的一个特殊分支——微表情。微表情可以反映七种基本情绪：愤怒、厌恶、恐惧、惊讶、快乐、悲伤和轻蔑。

目光交流

在对话中，目光接触是非常重要的，它是良好沟通的基础。人和人在第一次接触时，总是要先交换眼神。另外，在目光交流的同时，常常还会出现其他的身体语言。它们也非常重要，因为它们赋予眼神以更丰富的含义，甚至会改变其意义。

注视

不要一直盯着别人看，这会让别人不舒服。如果一个人

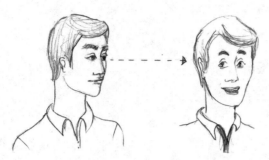

可能有对抗心理，感受到性吸引力

气势汹汹地站在你面前，目不转睛地盯着你，十有八九是来找你麻烦的。这种不怀好意的注视，表示威胁和恐吓。带有批评意味地死死盯着某人或某物，这种目光一般是指责别人的前奏，或者表示这个人在内心否决了某件事。

　　瞪大眼睛盯着别人看，是对他人隐私的侵犯。如果一位男士远远地注视一位女士，很可能是因为他被她吸引了。但是，如果她对他并没有兴趣，她就会感到受了冒犯。结果，这位男士反而失去了和他心仪的对象进一步接触的机会。

　　一般来说，如果一位女士倾慕一位男士，她更倾向于在举手投足之间不经意地流露出这种情感，而不是直勾勾地长时间盯着他。如果她正在和两位男士聊天，而她喜欢其中一位，那么她就会更加频繁地把目光投向她喜欢的男士。热恋中的情侣经常眉目传情，因为对他们来说，沐浴在爱人的目光中是一种享受。

避免目光接触

迟疑、害羞、有所隐瞒

如果一个人很少直视他的对话伙伴，你可能会觉得这个人不够真诚，或者有所隐瞒。避免目光接触，说明这个人不希望有更深入的交流。如果你遇到这种情况，最好试着找出原因。当然，如果对方本来和你有充分的目光交流，但在对话的中途忽然开始躲避你的目光，这种行为就更能说明问题了。遇到这样的情形时，尤其要注意运用第一章中讲到的五条基本原则。

躲避目光接触的原因还可能是害羞、缺乏安全感，或者文化禁忌。在某些地区，例如中东，商务会谈中男性和女性不可以有目光接触，但在其他场合就是允许的。不妨设想一下——你是一位女性，正在和一位西装革履的男士商谈业务，而他总是不正视你的眼睛。你很可能会觉得纳闷，甚至感到被拒绝了。了解了他的阿拉伯文化背景之后，这个误会才会解开。所以，对于特定的行为，要先留意它的出现是否有特殊的原因，不要急着下结论。

目光交会的时长

在西方文化中，根据对话双方的职位和关系，商务交谈中目光交会的时长最好保持在对话总时间的 60%—80%。如果会谈有多位参与者，被注视最多的人就是最重要的人，人们在讲话或推出提案前都会先

60%—80% 时长的目光接触
让你显得自信

把目光投向他。这种有意的目光搜寻是在寻求默许，基本上相当于一种请求，希望能被批准发言。如果你能注意到在座其他人有这种行为，你就能快速锁定这场交谈中最重要的人。要想在谈判中获得成功，你最重要的任务就是得到这个人的肯定。

"人们的目光会告诉你，你最需要说服的人是谁。"

　　如果一个人在交谈中没有给予对方足够的目光关注，而是更多地盯着别处，比如电脑屏幕或者笔记本，就会让对方感到被忽视，导致沟通质量下降。根据你和对方的关系，进行时长和时机都合适的目光接触，能让对方觉得你可靠、值得信赖，他会对你形成良好的印象，更认真地对待你说的话。直视他人的眼睛一般是坦率和诚实的表现。不过，有些擅长说谎的人也会利用这一点，在说谎时故意直视对方的眼睛，想知道自己的谎言是否得逞了。幸好，如果你懂得观察的话，就会发现他们其他的身体语言正在出卖他们。

　　"要用锐利的眼光看着说谎的人。"

瞳孔

　　芝加哥大学心理学系的艾克哈德·赫斯教授曾在瞳孔研究方面做出突破性贡献。他指出，瞳孔的大小会随着人受刺激的程度而改变。大体上说，如果我们对看到的东西有好感，我们的瞳孔就会放大。赫斯教授的研究指出，异性恋者在看到异性的裸体照片时，瞳孔会放大。在他的另一项研究中，他发现女性在看到婴儿的图片时瞳孔会放到最大，而男性在看到美女的照片时瞳孔最大。

在看到美好事物的照片时，人们的瞳孔也会放大，而令人不快的图片则没有这种效果，比如政客或者战争场面的照片。美妙的音乐也能使瞳孔放大，恼人的噪音则让瞳孔缩小。赫斯还有一项重要发现，即人瞳孔的大小和思考问题时的脑部活跃程度有关。当问题终于解决时，瞳孔会达到最大。

放大的瞳孔

当你看到了喜欢的人，你的瞳孔很可能会放大。如果有人说要提供给你一些好处，你的瞳孔也会放大。当我们产生爱、同情、兴趣等正面情感，或者思绪泉涌时，我们的瞳孔都会变大。放大的瞳孔意味着正面的情感，所以瞳孔较大的人会被认为更有吸引力和同情心。也是出于这个原因，现今的香水、美妆广告上女性形象的眼睛都是经过软件修饰的。

感兴趣、正面的情感，
但也可能表示恐惧

不过，要注意上述情形中有一个例外，即极度的恐惧也会导致瞳孔的放大。一般来说，瞳孔可以放大或缩小四倍之多。

缩小的瞳孔

如果我们对某件事不感兴趣，瞳孔就会缩小，比如面对我们不喜欢的追求者时。当然，根据瞳孔大小推测情绪时，需要当时的光线条件保持不变，因为瞳孔会随着光线的强弱自动收缩或放大。另外，你对被观察对象平时瞳孔的正常大小也要有所了解，才能通过对比做出正确的判断。

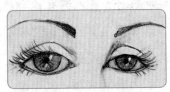

不感兴趣、消极的情绪

实践中很难观察到瞳孔的变化

在赫斯教授发表了他的研究成果之后，又有一些类似的学术成果被发表出来，主题都是瞳孔的大小变化。这些研究基本上都得出了与赫斯教授类似的结论。针对这个课题，我们也做了自己的研究。我们准备了一些能唤起不同情感的图片给被试者看，并使用功能强大的变焦镜头记录了他们瞳孔的反应。我们的研究结果与前人的主流结论一致，即对于强烈的正面或负面刺激，人的瞳孔会在大小上改变约10%。不过，10%这个关键的数据是前人的研究中很少提到的。这个数字之所以重要，是因为它意味着瞳孔变化的尺度连0.5毫米都不到。也就是说，在平时的对话中，想要用肉眼观察到瞳孔的这种变化是不可能的，即使外界的刺激非常强烈也不行。所以，在谈业务时，想要收集更多信息，与其盯着别人的瞳孔试图寻找蛛丝马迹，还不如关注对方的其他身体语言。

眼球和眼睑

在沟通中，眼球和眼睑是非常重要的部位。眼部的运动能提供一系列有用的信息，帮助我们分析人的状态。比如，在印度南部喀拉拉邦的传统舞蹈中，表演者仅用眼神和手部动作就能讲述一个故事。类似的，在阿拉伯、波斯、土耳其文化中，眼睛这一器官都有着重要的地位。下文中是一些关于眼部运动的解读技巧，你可以运用在自己的日常生活中。

瞪大眼睛

惊讶

　　用力将上眼皮向上拉起，你就能做出表示惊讶的表情。如果将眼睛瞪得再夸张一些、时间更长一些，则表示恐惧。以上两种情况还常常伴随着眉毛的向上抬起。人在惊讶时，眉毛部位会比较紧张；而在恐惧时，比较紧绷的是前额部位。

快速交换眼神

　　两个人同时看向对方后，通过一个快速的眼神互相交换信息——这个不易察觉

交换信息

的动作，一般意味着两人对于正在讨论的话题已经迅速交换了意见。

生气的表情

生气的表情的特点是：眼睛眯起来盯着别人，同时眉毛向下皱起。它代表着不满意、优越感或者轻视。不过，也要根据情境具体分析。这个表情并不一定就是生气的意思，也有可能表示聚精会神，或者想要努力看清什么东西。

不满、优越、
轻蔑

使眼色

如果一个人向你挤了一下眼睛，并且一直看着你，这通常表示他想吸引你的注意。也可能是在向你确认一些正面信息，或者警告你注意一些负面信息。

吸引注意、警告

表示确认的眨眼动作

快速闭上再睁开眼
睛，可以表示对信息的
确认或对于他人的认可。
这个动作与点头的动作
如出一辙。

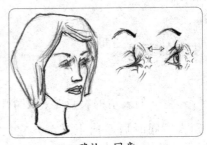

确认、同意

斜着眼睛看

怀疑、厌恶、质
疑或不认可

视线斜向一侧，同时头部微微偏向一
边，可以表示不相信、厌恶、质疑或者不
认同的态度。不过有些奇怪的是，在某些
情况下，如果这个动作和某些肢体语言一
同出现，那么它也可以表示感兴趣的意思。
比如，当眉毛同时轻轻抬起，或伴有不易
察觉的微笑时，这个动作就能表示有兴趣。
如果眉毛和嘴角是朝下的，则表示敌意和
消极态度。

眯起眼睛

这个表情有几种含义：可能表示需要更多的信息——不是一般的知识，而是关于正在讨论的问题的细节；它还可能表示对于某件事非常专注，而眯起眼睛就像变焦镜头在聚焦一样。如果你的谈话伙伴用力眯眼，那么接下来可能发生以下两种情况之一：他可能会问你他

需要更多信息、
专注、愤怒

没听懂的某件事，或者他正在思考刚才听到的话或自己接下来的发言内容。在后面这种情况下，你不需要做什么。当他舒展眉目时，说明他已经完成了思考过程，可以继续进行对话了。

在谈判或面试中，如果有人频频对你眯起眼睛，你要注意不要被这一举动误导。它可能表示这个人需要你提供更多细节，以更好地评估你的提案，但它也可能只是一种习惯性动作。眯起眼睛能让人显得严肃，但这并不一定是他们的本意。如果这个动作持续时间不足半秒钟，则可能是一种表示愤怒的微表情。所以究竟要如何解读眯眼的动作呢？答案是运用我们的五条基本原则。

眨眼睛

眨眼这个动作对于眼部健康非常重要，因为它能使眼睛保持湿润和清洁。人在放松状态下，每分钟眨眼六至八次；每次眨眼时，闭眼的时长大约为十分之一秒。

在认真思考之后快速眨眼

滑铁卢大学神经学科学家丹尼尔·斯麦莱克的研究显示，思绪不定、心不在焉的人会更加频繁地眨眼。他们通过这种方式把自己和周围的环境隔绝开来。

说谎者眨眼的频率更高——这种说法早已有之，但其实是错误的。朴次茅斯大学的莎伦·里尔博士证实，人在说谎时眨眼次数比平时少，因为脑部正在忙着编造谎言。结果就是，当谎言被说出口，说谎者内心的紧张得到了缓解之后，他们才会频繁眨眼，以弥补之前缺失的次数。

"人在说谎时会更频繁地眨眼，
这是一个广泛流传的谣言。"

目光躲闪

如果你并没有讲一些让人不愉快的话，但你的对话伙伴的表情却有些不对劲（比如面部肌肉突然紧张），比如他可能会突然看向别处，中断与你的目光接触，从而专注于自己内心的想法。这说明对话中的内容让他想

有所隐瞒，需要保持距离

起了一些他正在隐瞒的事情，所以他需要一点时间整理一下自己的思绪。所以他躲开了你的目光，暂时中断了和你的交流。这时你要注意他的这一动作持续了多久，如果只是短暂一瞬，那么当他重新和你对视时，他的注意力已经回到了你身上。如果他久久没有移回目光，那么你很可能已经是在自说自话了，他的注意力已经转移。

伯贡、马努索夫、米尼欧和黑尔曾指出，在回答问题之前目光躲闪，或者在对话中较少和别人进行目光交流的人，会被认为能力较低。这样做的人，用眼神告诉了大家他们已经逃离了对话现场。

我们躲避目光交流常常是因为不想发表意见，或者想要避

免做某件不喜欢的事。因为信息还在源源不断地向我们涌来，所以我们选择看向别处，试图忽略这些信息，并避免和对方发生冲突。如果你在对话中，发现对方躲闪你的眼神，那么你就需要观察他有哪些其他的肢体语言，再决定如何应对。

关于眼球运动的迷思

你可能听说过一种说法——通过仔细观察一个人眼神的变化，可以辨别出他是不是在说谎。这个迷思常常与格兰德和班德勒的 NLP[1] 被同时提起。然而，所谓的 NLP 研究者在原始研究中从未研究过这个现象，而且其他的研究也不足以证明，从眼神中就能看出一个人是否在说谎。反之亦然。关于眼神的说法，最初只是 NLP 中提出的一个模型而已。从眼神看出一个人是不是说了谎，这个迷思主要是由不懂科学的媒体所传播的，是对原始研究结果的误读和谣传。尽管这一错误说法广为流传，但事实是，暂时还没有足够的证据能够证实或证伪这种理论。

---

1 NLP：Neuro-Linguistic Programming，神经语言程序学。

眉毛上挑

在解释这个动作的含义之前，我们还是
要先强调一下五条基本解读原则的重要性。
根据不同的情境和动作出现的时间节点，有
不同的含义。当一个人听到了不寻常甚至是
耸人听闻的事情时，眉毛上挑表示惊讶；如果
这个表情持续的时间更长一些，那么它可能

惊讶、问候

是故意的，也就是说此人想表达出惊愕，而不仅仅是普通的
惊讶。但在某些情况下，上扬的眉毛也可以表示赞赏和羡慕，
比如当你看到同事新买的跑车时。

这个动作的复杂之处在于，很多人在平时的谈话中喜欢
用它来表示对某些关键词的强调。也就是说，当这个动作出
现时，你要学会分辨它是一种普通的强调动作，还是具有更
深层的含义。只有这样，你才能做出准确的解读。

在史前时代，人们就已经会用眉毛快速上挑的动作来互
相表示问候，或者告诉对方自己注意到了他的靠近。人们用
这个动作吸引对方的注意。在两性关系中，眉毛上扬的表情
也是很有用的，有时它会有性方面的潜在含义。如果你对陌
生人挑眉毛，他们可能会觉得你认识他们，从而对你产生一

些亲近感。在联谊活动中你也可以运用这个表情结交新的朋友；尤其是边挑眉边微笑，效果会更好。在 20 世纪 70 年代，马克·耐普教授曾指出，挑眉的表情在对话刚开始时能拉近双方的关系，有利于对话的开展。

一边眉毛上挑

单边眉毛上挑（无所谓具体是哪一边）表示不相信的意思。没有上挑的那一边眉毛，一般会微微下沉。因此，这个表情结合了惊讶（上扬的眉毛）和负面评价（下沉的眉毛）两重含义。因为人不可能让两边的眉毛都既扬起又下沉，因此当人们想要表达既惊讶又怀疑的看法时，就会将一边的眉毛上挑，而另一边眉毛则下压或者微微皱起。

怀疑

当你正在和别人解释事情时，如果对方做出了这样的表情，你最好调整一下自己的措辞。你需要提供更扎实的论据来支撑自己的观点，或者直接询问对方为何看起来有些惊讶。如果你不做出调整，对方对你的负面看法很可能会积累下来。在之后的讨论或协商中，这种负面意见会像回旋飞镖一样，飞回来找你。不过，你还是要牢记五条基本解读原则。对方露出这种神情，也可能并没有什么特别的原因。他可能想通过这样的表情让自己显得强大、挑剔，但实际上他并不一定是这样的人。

> "如果忽略了别人挑起一边眉毛的动作，
> 你早晚会尝到苦头的。"

眉毛下沉

　　双眉下沉，在额头上形成一道横线——这个表情可以表示不满意、愤怒或者不愉快的意外。如果它持续的时间很短，则表示是在一瞬间经历了这样的情绪。如果它持续了一定时间，很可能此人希望对方意识到自己心生不满。有的人会故意摆出这种表情，目的是让自己看起来不好惹。不过，1980 年福布斯和杰克逊的研究显示，在招聘中，若不考虑应聘者的能力及其他因素，相对于喜欢微笑的应聘者，那些喜欢向下皱眉毛的应聘者被录取的概率更低。所以，如果

不满意、生气或感到惊讶和不爽

你无缘无故地总是喜欢做这个表情，就要注意了，你可能会无意中给他人留下不好的印象。

紧闭嘴唇或噘嘴

不接受、
不想说话

如果紧闭嘴唇或噘嘴的动作持续不到半秒钟，在某些情况下，这个微表情可能表示正在压抑自己的怒气或者悲伤。不过，紧闭嘴唇或噘嘴也可能有别的意思，比如内心不接受、不认可——可能是不愿意接受对方的提议，或者对方的行为无法达到自己内心的期望。如果你看到对方紧闭嘴唇或噘嘴，就要做好被拒绝或被批评的准备了。

紧闭嘴唇或噘嘴的动作还有一种可能的含义，即不愿意分享一些信息。这个表情意味着坚决不愿开口，所以你应该明白，想让紧闭嘴唇或噘嘴的人说出你想要的信息是很难的。不过如果你能看穿他们的身体语言，就能通过其他方式得到自己想要的信息。要想做到这一点，需要运用 BLINK[1] 沟通

---

1 英文单词 blink 有"眨眼"之意。

技术，具体内容我们会在第八章中展开谈。

辨别微笑是否发自内心

　　一个真诚的、发自内心的微笑会同时牵动以下两组肌肉：一是眼睛附近的肌肉（眼轮匝肌），二是嘴巴上方的肌肉（颧大肌）。当我们还是婴儿时，就已经学会识别这些肌肉发出的信号了。当婴儿看到母亲对自己微笑时，他就知道自己不会再挨饿了，所以他会将微笑认作一种令人愉快的信号。由于微笑具有积极含义，所以人们在初次见面时都会通过笑容来传达善意的信号，将微笑作为一种礼仪。

　　你可以从他人给予的微笑中，感受到他们对你的看法。比如，当对方冲你假笑——嘴唇紧绷、露出牙齿时，他可能是在宣扬自己的优越感："看！我有牙齿！我会咬人！"微笑可以表示的含义非常丰富，比如不满、敌意，或者快乐、惊喜，这些情绪都可以蕴含在一个微笑中。

　　要想分辨微笑是否发自内心，观察眼部区域就可以。心理学家杜彻尼在其1862年的著作中提出，当一个人真心感到高兴时，其眼轮匝肌会收缩。也就是说，位于眼球和眉毛外沿之间的皮肤会被拉扯，并被微微下拉，而眉毛会微微下沉。于是，你就会看到人在真心微笑时，眼周有很多皱纹（除非他注射了肉毒杆菌）。不过，眼部有皱纹并不一定就能证明微笑是真的。有的人就算不笑，眼部也会有皱纹；他们只需收缩颧大肌，而不用收缩眼轮匝肌，就能使自己脸上出现这样的笑纹。

左图：发自内心的微笑，眼轮匝肌收缩（拉扯眼角，眉头向下皱）
右图：假笑，只有嘴巴在笑

1862 年以来，有很多研究证实了杜彻尼对于微笑的假说，同时提出眼轮匝肌的收缩与左侧前额叶皮质区的阿尔法脑波活动增强有关。但是，2009 年之后，有一些研究对这一公认的学说提出了质疑。比如，有一项研究显示，70% 的人能够在观看了真诚微笑的照片后，伪装出"杜彻尼"微笑。令人遗憾的是，还没有人研究过在负面情境下伪装微笑的机制。

在学术界有新的研究进展之前，让我们暂且认为我们可以通过眼周肌肉收缩的程度来识别伪装出来的微笑。如果对方没有明显感到高兴，你应该能看出他眼轮匝肌的收缩是故意假装出来的，你能感觉到他的微笑中有一丝紧张感，不太自然。你很可能还会看到眶部眼轮匝肌的收缩，而睑部眼轮匝肌（眼眶下侧的肌肉）放松。

还有一个技巧能够帮助你识别微笑是否真诚。研究显示，假的微笑表情会左右不平衡，一边比另一边夸张。如果微笑是真心的，左右脑发出的信号是一样的。如果微笑是伪装出来的，则掌管面部表情的一侧人脑——在右侧——会发送出更强的信号来控制左边的身体。也就是说，虚假的表情在左侧面部更加明显。如果感情是自然的、本能的，则左右脑的活跃度是相同的。

再次提醒你，在解读微笑表情时要运用五条基本原则。你需要对这个人平时的表情有所了解，知道他在真笑和假笑时分别是什么样的，才能做出更准确的判断。毕竟，有的人即使真心微笑起来，面部也是不对称的。

酒精对微笑的影响

1990—1996 年，维利伯德·鲁赫进行了一系列关于幽默感和情绪的精彩研究，还有酒精对身体语言影响的研究。你可能猜想喝了酒的人会更容易笑。这种假设基本上是正确的，前提是摄入酒精的量在一定范围内。然而，他的研究还显示，如果摄入了大量的酒精，即使是平时性格外向、善于交际的人，也会更少露出开心的表情。

关于眼神的说服力的研究成果

在人际关系中，眼神扮演着重要的角色，因为眼睛象征着沟通的意愿。1976 年，阿盖尔和库克指出，沟通中的眼神交流总是有意义的，因为它能体现出双方具有一定的联系。眼神交流不仅表示双方都给予对方以一定的注意力，还能反映出相互之间的兴趣程度。

哈珀、韦恩斯和玛塔拉佐认为，眼神还和人际关系中的相对权力变化有关。如果一个人希望说服他人，或者想要显得可靠，就要在说话和倾听时都保持良好的目光交流。这三位学者在 1978 年的一项研究显示，如果想要提高自己的可信度，就不要做出"东张西望、四处搜寻"的表情。也就是说，不要频繁地向下看或者躲闪他人的目光，也不要过多眨眼或者活动眼睑。

克莱恩·科克曾于 1986 年做过一项深入研究，探索了目光交流对于营造可靠形象、说服他人的重要作用。他还强调，大量的实证研究证明，敢于直视他人眼睛的人更容易被信任，而目光躲躲闪闪的人容易被贴上说谎者的标签——这与我们心中的刻板印象是一致的。我们也就不难理解，为什么在法庭上，和律师对质时眼神躲闪的证人不容易被相信；以及为什么在机场安检中，躲避安检人员目光的旅客会更容易被拦下来搜身。

在 1987 年，霍尼克进一步证实，当一个人和他人保持目光接触时，他的说服力会比目光频频躲闪时更强。另外，1978 年，伯贡和塞恩以及 1986 年伯贡和库柯的研究也证明，目光交流在人际关系中具有增强可信度的作用。直接的眼神接触对于提高自身形象和增强有效沟通、提升信任感都有积极影响。

当对方说话时直视我们的眼睛，就能给我们留下真诚的印象。如果他不愿意看着我们的眼睛，他所说的话似乎也没那么可信了，我们会怀疑他是否诚实。

1985 年，伯贡、马努索夫、米尼欧和黑尔的研究也得出了类似的结论。他们指出，在面试中刻意避免目光交流的面试者，会给人留下不可靠的印象。这一动作容易被解读为是一种消极的行为，从而带来不好的结果。

眼神交流在人际关系的建立、维系和终止过程中都扮演着关键角色。1989 年，马兰德罗、巴克和高特指出，眼神是反映对话双方关系的重要指标，也能预言这段关系的发展方向。你的眼神能说明你对于对方是否有兴趣；通过眼神接触，对方能够收集到关于你和你的想法的信息。特别是，眼神接触能够反映出沟通中的亲密度，它在这一点上的重要性远胜过其他动作或身体信号。

根据 1986 年韦宾克的研究结论，良好的眼神互动比其他身体语言承载的信息更多，它显示出交流双方的坦率和开放态度。一般来说，眼神接触保持的时间越长，双方的亲密度越高。当别人看向我们时，我们回以同样的眼神，这是人类交流中的重要环节，能增强互动感和参与感，因此提高了亲密度。

阿盖尔同样认为眼神在信息的传递中具有重要地位。他在 1988 年曾发表研究，指出在解读一些自相矛盾的言行时，眼神中的信息是尤其有价值的。关于眼神交流的重要性这一点，1989 年伯贡、布勒和伍德尔在研究中也对其突出强调，他们认为，相较于其他身体语言，目光交流具有"高优先级"，不过这种优先级只在某些情境中成立。

　　1992年，藤本发表研究，认为在其他面部表情的协同下，眼神是分析交流信息中蕴含情感的重要渠道。当语言和眼神传达出的信息相互矛盾时，眼神比语言可靠。

　　上述研究都证实了梅拉比安举世闻名的研究成果：沟通中通过语言传达的信息只占了7%，而身体语言传递的信息大约有55%。尽管后来，这一比例的具体数字被梅拉比安本人及其他科学家进行了修正，但结论是不变的。毋庸置疑，沟通中大部分信息都是通过身体语言传达的。

　　这一理论与1979年德保罗和罗森索所做的实验结果是一致的。在该实验中，参与者通过各种渠道接收信息、做出选择，其中，通过眼神接收信息是最可靠的。也就是说，如果你要在一个人说的话和他的身体语言之间做选择，那就选择包括眼神在内的身体语言，它总能告诉你真相。

本章小结	
注视	可能有对抗心理，感受到性吸引力
避免目光接触	迟疑、害羞、有所隐瞒
目光交会的时长	60%—80% 时长的目光接触 使人显得自信
放大的瞳孔	感兴趣、正面的情感， 但也可能表示恐惧
缩小的瞳孔	不感兴趣、消极的情绪
瞪大眼睛	惊讶
快速交换眼神	交换信息
生气的表情	不满、优越、轻蔑
使眼色	吸引注意、警告
表示确认的眨眼动作	确认、同意
斜着眼睛看	怀疑、厌恶、质疑或不认可
眯起眼睛	需要更多信息、专注、愤怒
眨眼睛	在认真思考之后快速眨眼
目光躲闪	有所隐瞒，需要保持距离
眉毛上挑	惊讶、问候

续表

一边眉毛上挑	怀疑
眉毛下沉	不满意、生气或感到惊讶和不爽
紧闭嘴唇或噘嘴	不接受、不想说话
真诚地微笑	眼轮匝肌收缩（拉扯眼角，眉头向下皱）
伪装地微笑	只有嘴巴在笑

· 第七章

微表情：彻底出卖一个人

Microexpressions: The Dead Giveaways

　　微表情是面部表情的一个特殊分支。在过去五十年中，学术界出现了大量专门针对微表情的研究成果。我们对微表情的定义是：时长不超过半秒钟的、不易察觉的面部肌肉运动。微表情经常是不自觉出现的，反映了我们在某个时刻的感情。如果把面部比作一个屏幕，那么人脑就是情感的投影仪。当特定的感情出现时，脑部指挥我们的面部肌肉进行了短暂的收缩。

　　无论在世界上的哪个地方，人们的基本感情都是类似的，共有七种。一项针对盲人的研究显示，微表情并不是我们后天从社会文化中习得的，而是天生就有的一种生物性现象。在人脑将内在情感冲击转化为外在动作时，身体会产生一些本能的反应。而且，大部分人无法控制肌肉的这种不自觉收缩，因为它是由情绪直接产生的。

微表情能够体现出人类绝大部分基本情感。罗伯特·普鲁切克首先提出了八种基本情绪理论：悲伤、厌恶、愤怒、恐惧、期待、愉悦、接受和惊讶。他甚至提出用不同的颜色代表不同的情绪；就像颜色混合能产生新色彩一样，情绪混合也能产生新情绪。比如：恐惧＋惊讶＝惊恐，或者愉悦＋恐惧＝内疚。由于期待和接受这两种情绪的普适性和可观测性不够强，我们只保留普鲁切克理论中"愉悦"这一种正面情绪，并在后面的论述中用"快乐"这种更常见的说法来代替。这个词代表了各种正面的情绪，包括接受、期待、认可、满意和开心等。

在现今的理论中，微表情可以反映出以下七种基本和普遍的情绪：愤怒、厌恶、恐惧、惊讶、快乐、悲伤和轻蔑。

微表情这个概念最早是在19世纪由法国著名神经科学家杜彻尼·博洛尼提出的。他在1862年出版了《人类表情机制》一书，该著作是他研究成果的集结，体现了他丰富的面部解剖学知识。另外，他对于摄影的热爱，以及用电流刺激面部单个肌肉的技术，对他的研究也大有助益。

第二位发表关于微表情专著的学者是查尔斯·达尔文，他于1872年出版了《人类与动物的感情表达》一书。达尔文发现面部表情的一些特点具有普遍性，并列出了做出表情需要牵动的肌肉。1966 年，海格拉德和伊萨克斯发表研究称，他们在观看心理治疗录像时，发现了"微时间面部表情"存在于治疗师和患者的非语言沟通中。艾克曼和福瑞森最终证实，在二十一种不同的文化背景下，七种基本情绪是人们共有的。

1960 年，威廉·康登做出了开拓性研究，主题是时长不足一秒的互动交流。他的突破性研究结论浓缩在了一段时长仅 4.5 秒的视频中。这段视频包含很多幅图片，每幅图片仅出现了二十五分之一秒。他花了十八个月时间研究这段视频，并最终提出了"微互动动作"这个概念。例如，在一位男士和一位女士的对话中，在男士举起手时，几乎同时，女士耸起了肩膀。康登指出，这种微互动动作，创造了沟通中一个个微小的节奏。

之后，保罗·埃克曼开拓了达尔文的研究成果。通过研究情感及其与面部表情的联系，埃克曼证实了面部表情不是在文化中习得的，而是一种生物性的本能。表情的含义超越了不同文化背景，是世界通用的。在这个基础上，1976 年艾克曼和华莱士·福瑞森创立了面部动作编码系统。这个系统能够对人类的面部表情进行分类，在今天依然被心理学家、研究者和动画创作者等所广泛使用。

　　在本章中，我们将会分析七种基本情感中的三种，以及它们最常见的变体。这些表情在日常交流中都是很常见的。如果你之前接受过微表情方面的培训，就会发现，对于识别和解读面部肌肉短暂抽动的方法，我们的讲解是尽可能简单明了的。这是因为，我们将所有时长不超过半秒钟的面部表情都归为了微表情；但从科学角度来说，更精确的分类可能是局部表情、隐形表情、伪装表情，等等。这几种概念是有细微差别的，但我们的目标是实际运用，所以做了一些必要的简化。

中性表情

　　学会识别中性表情是非常重要的，因为它是做比较的基准。只有了解了中性表情是什么样，你才能在其他情绪出现时加以识别。有时，中性表情的意思是这个人此时此刻心中没有什么情感波动，或者对于听到的话没有什么特别的看法。在这种情况下，最好确认一下他有没有认真在听你说话。有可能他没有把你的话放在心上，或者并没有听懂你的意思。

　　你可能遇到过别人故意摆出扑克脸，面无表情的情况。

中性表情是做比较的基准

大部分人都会有摆出扑克脸的时候。所以我们有必要区分开中性表情和扑克脸两个概念。相比于扑克脸，中性表情更加放松自然。扑克脸给人的感觉就像是戴了一副面具，故意伪装和隐藏自己；面部的肌肉更加紧张，你能感觉到这个人在故意压抑自己对于事物的反应。对于别人的提问，他不会自然而然地作出回答，而是先慎重思考自己应该怎样回答才好，并且会刻意控制自己不做出任何表情。

出于同样的原因，当一个人需要隐藏自己的情绪时，常常戴上墨镜，这样就能挡住自己的脸，尤其是自己的眼睛。

快乐：嘴角上扬

两边嘴角对称上扬到相同的高度，是表示快乐的信号。

学会识别这种信号，会对日常生活特别有帮助。比如，如果我问我的伴侣今晚想做什么："我们是和朋友聚一聚，还是待在家里，或者去看电影？"如果在我提到"朋友"的时候她的嘴角两边翘了起来，我就知道，她已经用这个表情给了我答案。

两边嘴角都上扬，
表示快乐

嘴角微微上扬与真心微笑的区别

图示的表情并不是一个微表情，我们用它举例，希望你能够明白微表情（时长不超过半秒钟）和长表情（持续时间明显长得多）的区别。这张照片还可以用来区分真的微笑和伪装的微笑。

这不是微表情

如果眼轮匝肌（眼周的肌肉）收缩，那么这就是一个发自内心的微笑，也就是"杜彻尼微笑"。眼轮匝肌的收缩使得眼睛和眉毛外沿之间的皮肤被拉扯，微微向下皱起，同时眉毛一般也会微微下压。这两种运动是可靠的信号，表示此人正感到愉快。这种情绪产生于左侧前额叶皮质区，所以他们的快乐表情是真实的。

人们擅长识别微表情吗？

根据 2012 年全球范围内二千六百六十四个案例的测试结果，首次接受微表情测试的人，平均得分只有二十四点零九（满分一百分），得分超过五十分的人不足 12%。可见，人们在日常生活中对于微表情的关注度是远远不够的，或者他们没有意识到这种微小的肌肉收缩的重要意义——它们是透露人们感受的最可靠的信号。

在接受了微表情方面的培训后，人们的测试平均分提高到了八十九点四五。我们在多家公司进行了调研，发现销售业绩和员工识别微表情的能力显著相关。数据一再显示，最优秀的销售人员具有识别微表情的天赋，并且知道如何应对微表情所说明的问题。而且，这种天赋往往是不自觉地获得的。

"最优秀的销售人员是最懂得解读身体语言的人。"

快乐

在行为科学中，快乐一词指的是所有积极的情绪，包括接纳、期待、认可、愉快、确认、兴奋等。快乐是最迷人的情绪。我们都希望被喜笑颜开的人们包围，同样也希望让我们周围的人感到快乐和舒心。我们常常以微笑或大笑的方式来表示对他人的赞同、喜爱，希望他人也喜欢我们。

在商务情境中，快乐的微表情是非常重要的信号，尤其是当你想知道合作伙伴是否认同你的提案时，你就更需要掌握识别快乐微表情的方法。而难点在于，表示快乐的微表情和表示轻蔑的微表情很容易被混淆。它们是很相似的，区别在于表示轻蔑的表情是不对称的，而表示快乐的表情是对称的。当人们感到心情愉悦时，嘴角的两边都会上翘。当人们想表示轻蔑时，只有一边嘴角上扬（无所谓左边或右边）。蔑视和快乐是两种完全不同的情绪，蔑视的背后是优越感和傲慢。如果有人在商务会谈中表现出轻蔑的态度，那么他极有可能不会认同你的方案，或者他觉得自己比你能力强、见识高。

轻蔑这种情绪可能在微笑之前或之后流露出来，紧挨着微笑的表情出现。这样的做法可以在一定程度上掩盖轻蔑的态度，但它还是可以被识别出来。在微笑中出现的轻蔑，时长不会超过一秒钟。一定要学会识别这两种不同的面部动作，如果混淆的话，你的业务谈判就很难成功了。

轻蔑

在行为科学中，轻蔑一词包含了以下几种负面情绪：优越感、讥讽、"我就知道"和霸道。在七种基本情绪中，轻蔑是唯一能够导致面部表情不对称的。人在轻蔑地笑时，两边嘴角只有其中一边上扬，就像在对自己微笑一样。实际上，这不是微笑，它更像是表示你自视甚高的标志。当一个人将自己的学识经验和他人作比较，并认为自己高人一等时，就可能会露出鄙夷的微笑。

喜欢轻视别人的人，倾向于对别人品头论足，发表负面评价。如果在业务会谈中，你看到对话伙伴流露出不屑的表情，那么你最好改变谈判策略，因为目前的方法很明显没有效果。你可以提出更多支持自己观点的例子，或者再强调一下自己的专业水平和丰富经验，或者通过提问弄清楚他拒绝你的原因。如果你一句话都还没说，对方就已经一脸轻蔑，那么你就会知道这场对话将充满困难。在特定情况下，轻蔑的表情还可能表示骄傲和自豪。

轻蔑：一侧嘴角上扬

当一个人比较自以为是，觉得别人不如自己时，你就会在他脸上看到轻蔑的表情。这种微表情很容易识别，因为它是七种基本情绪中唯一一个表现出不对称性的：两边嘴角只有一边是上翘的。

这是一位不好说话的顾客

微笑中流露出的轻蔑

当他人对你微笑时，如果一边嘴角上扬得比另一边快，或者嘴角落下时一边比另一边慢，这种不对称的微笑就是轻蔑的信号。

这不是微笑，而是不屑

厌恶

在行为科学中，厌恶这个词包含了一系列消极情绪。从轻微的不认同，到彻底的拒绝和嫌弃，都属于厌恶的范畴。

不妨想象一下，当你打开冰箱，发现牛奶变质发出酸味时，你脸上出现的就是厌恶的表情。由于你将上唇向上皱起，你的面部会出现皱纹。这是对于臭味的自然反应，它使得你想要尽可能地关闭自己的鼻腔通道。

在人类进化过程中，当食物腐坏时，人们流露出的厌恶表情能够使得同一部落的人都有所警觉。如今，这个表情表示我们不喜欢某人，或者不同意某个观点。如果在谈业务时，你的客户用这种表情表示了不认可，那么这可能说明你的提案没有你以为的那么好。如果你识别出了客户的厌恶表情，你就有机会及时引导对话的方向，比如，你可以通过提问试探客户真正的想法，或者想一些新的说辞来说服客户。在某些情况下，早早看出客户对你想说的话毫无半点兴趣，也可以节省你的时间。

百万富翁们的微表情

在很多人心目中，百万富翁是一群冷酷淡漠的人，很少流露出真情实感。富翁们大都是学识渊博、充满自信的人，他们沉着冷静，其身体语言很少显得轻浮或懒散，这一点确实没错。不过，研究也显示，大多数情况下，他们的移情能力是很强的。比如，帕特里克曾和千万富翁罗兰·迪沙特莱在比利时的法语电视台 RTBF 做过访谈节目。我们分析节目录像时发现，迪沙特莱在说话时，面部表情和语言都体现出了他是一个很有同情心的人。他的言语和他的肢体语言表达的情感是一致的，他表情丰富，而不是用扑克脸伪装自己。在本书第一章中我们就提到过，沟通中体现出的这种移情能力对交流是很有利的。它让你的对话伙伴感到被人理解，因此对于谈话具有重要的支持作用，能在关键时刻发挥积极影响。

厌恶：鼻子周围产生皱纹

我们很容易通过鼻子周围的皱纹辨认出厌恶的表情。这些皱纹之所以产生，是因为上唇收紧并向上拉。下唇也可能会轻轻上抬。

鼻子周围的皱纹表示厌恶

厌恶：上唇向上提

上唇向上提起是表示厌恶的明确信号。这张图中的表情是上一张图中表情的变体，区别在于本图中没有露出牙齿。注意，鼻子周围仍然是皱起来的。几乎在所有情况下，鼻子附近的皱纹都表示厌恶。

闻起来（或听起来）
不妙

表示恐惧、愤怒、悲伤和惊讶的表情

到这里，我们还没有详细讨论表示恐惧、愤怒、悲伤和惊讶的微表情。这四种情绪与快乐、轻蔑和厌恶相比，变体更多，更复杂一些。以下是关于这四种表情的一些常见的例子：

· 恐惧：嘴唇横向往两边拉扯。

· 愤怒：眼睛眯起，眉毛下压。

· 悲伤：八字眉。

· 惊讶：眉毛紧绷并抬起，上眼睑抬起。

恐惧　　　　　生气　　　　　悲伤　　　　　惊讶

微表情密码 😊

本章小结	
快乐	两边嘴角都上扬
轻蔑	一侧嘴角上扬
厌恶	鼻子周围产生皱纹
恐惧	嘴唇横向往两边拉扯
愤怒	眼睛眯起，眉毛下压
悲伤	八字眉
惊讶	眉毛紧绷并抬起，上眼睑抬起

·第八章

决策时的身体语言
Decisionmaking Body Language

本章提要：

· 如何在他人开口之前就知道他们的决定

· 如何识别谎言

· 如何不用提问就得到答案

在本章中，我们将重点讲解关于决策的身体语言，这对你在商务会谈、业务谈判中获得成功有至关重要的作用。当我（卡西亚）十二岁时，我开始跟随继父出差，参加了很多商务午餐。他是一家大型建筑公司的老板，他的公司专门建造写字楼。我们在许多西方国家和阿拉伯国家留下了足迹。

在这一过程中，我通过观察继父在会谈中的表现发现，即使他很久之后才开口宣布结果，但他的表情常常很早就表明了他的决策结果。有一次，我观察他为一个昂贵的银质花瓶讨价还价的过程。如果他提出的价格得到认可，就会得意扬扬地抬起一边的嘴唇，如果报酬太低，他就会皱起鼻子，表示反感和不满。经过练习，我常常能在他们交谈双方都没有明说之前，就预测到交易的结果。

在这一章里，你还会了解到我们的 BLINK 沟通技术，它能帮助你掌控对话方向，让你不需要经过提问，不动声色地收集到自己想要的全部信息。

简而言之，本章介绍的方法能帮助你驾驭多种商务场合，如销售、招聘、谈判等。

> "如果一个人停止摩挲下巴，
> 那么他很可能已经做好了决定。"

摩挲下巴

这个动作通常表示在对当下的情况进行评估，还表示准备做出一个决定。如果一个人摩挲下巴的动作停下来了，那么他很可能已经做好了决定。因此，当他还在抚摸下巴时，一定要抓住机会采取行动。如果这个人把头转向一侧，或者眼睛看向一边，一般来说他的想法会是正面的。如果他向上看或者向下看，那么他的决定可能是负面的。如果发生后面这种情况，你

思考和评估（一般来说，向上看或向下看表示负面意见，看向一边则表示正面意见）

应该趁他还没有说出自己的决定时，及时说些什么或者提出一个问题，以打断他的负面想法，为自己争取说服他改变看法的机会。

眼睑下垂，食指放在嘴唇上

上眼睑下垂，食指抵在嘴唇上，这个动作也表示正在思考如何做决定。这个人正在思索一件具体的事情，并且不希望被打扰。你可以根据对他想法的预测，来决定究竟要不要打断他。如果在这个动作之前出现过非常负面的身体语言，那么你不妨用提问或者提出更多论据的方式打断他，不会有什么损失的。

不要打扰，正在做决定

将眼镜的一部分放在嘴里

也许你注意到了，一些戴眼镜的人喜欢在重要的时刻把眼镜摘下来，将它的一部分——通常是一条眼镜腿——放进

正在做决定

自己的嘴里。也有的人会挥动眼镜，表情专注。以上两种情况都是正在做决定的表现。与之前讨论过的姿势相同，你在应对这种动作时，主要应该考虑这个人在之前以及当下的身体语言，判断他的想法是正面的还是负面的，再决定要不要打断他。

把物体放进嘴里

犹豫不决，
需要了解更多细节

我们已经知道，把物体放进嘴里是迟疑的迹象。如果一个人在决策时做出这样的动作，这表示他需要更多的信息或者细节，才能做出周全的决定。如果你没能给这个动作以正确的回应，那么这种迟疑就可能会占据上风，导致负面的结果。

金字塔形手势

在第三章中我们讨论过，用手指搭成金字塔形，是自信

对自己的观点非常确信

和占据主导权的象征。如果是在做决定时出现这个动作，说明这个人非常确信自己的观点和能力。你要分析他其他的身体语言，才能确定他即将做出的决定是否对你有利。如果他的身体语言是正面的，紧接着出现了金字塔手势，说明他的想法是积极的。你应该抓住这个机会将事情定下来，比如签订合同。

如果在金字塔手势之前，出现的是负面的肢体语言，那么你成功的机会就比较小了。你要尽量打断他的消极思绪，试着把对话引向不同的方向，比如提出更多有说服力的论据，引导他重新评估整个状况。如果这个人在做出金字塔手势的同时还将头部后仰，那么他心里的优越感很强，觉得自己是局面的掌控者。如果他不肯站在你这边，你将很难说服他改变心意。这个动作的出现，意味着积极的对话氛围将变得艰难，因为他其实并没有认真听你说话。

双手放在头后

与金字塔形手势一样，双手抱住脑后的动作也表示自信和主导性。分析这个动作时，要注意它出现的时机，以及伴随它的其他动作。在第三章中已经讲解过这个动作，你可以根据它的不同含义来决定自己的策略。

上身前倾

在谈话中，如果对方上身前倾，一般来说这是一个好的信号。它一般表示他同意你说的话，正在津津有味地听你讲解你的方案，希望和你合作。不过，如果这个姿势和负面身体语言一同出现，则可能表示他准备质疑你。

感兴趣，或想要对抗

拒绝和否定

交叉抱住双臂，头部后仰

在谈判中，如果对方回应你的方式是抱起双臂、头部后仰，那么很明显，这个封闭的身体姿势表示对你的否定。在这种情况下，你最好不要固执地坚持自己的意见，那样只会让他更抗拒你。你能做的只有尝试不同的说服角度，看看他能不能再考虑一下你的提议。

抱住双臂并点头微笑

解读这个动作时，要结合当时的情境仔细分析。如果没有讽刺意味的话，这个动作是一个好的信号。抱住双臂可能表示这个人需要一些思考的时间和空间，或者这个决定需要很慎重，也可能是他们不想表现得过于热情。总之，它依然是一个积极的信号。

掩藏的热情或讽刺

身体和脚的朝向

之前提到过，身体所面向对的方向（可能同时也是脚尖的朝向），能表明注意力所在的方向。一般来说，这些身体部位会朝向自己最有共鸣或最感兴趣的那个人。

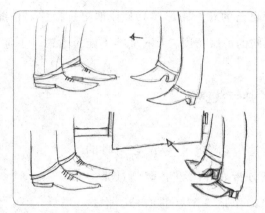

脚的方向暗示着注意力所在的方向

点头

同意

如果你的对话伙伴不时点头，并且没有出现其他消极的肢体语言的话，这表示她同意你说的话。如果她和你意见不一致，一般她会避免和你有目光接触，或者会用手撑着自己的头。

在谈话中，尤其是在对话刚开始时，你可以带有鼓励意味地点一点头，这样能够让对方更自在地发表意见。对方说得越多，你知道得越多，你们之间的距离就越近，沟通就越顺畅。

手放在脸颊一侧

兴致勃勃

如果一个人把手或食指轻轻放在脸颊上面或旁边，但并没有发力撑住头部，这也是一个好的信号。它表示对你说的话很有兴趣，愿意继续听下去。

决策过程中的负面身体语言

在第四章中，我们探讨过负面的肢体语言。在协商和决策过程中，你同样可以运用这些知识，判断对方的想法或态度。在这种情境下，有些动作和姿势各有其侧重的含义，比如：

· 严肃的表情：批评性的想法。

· 身体前倾，双手放在膝盖上：准备离开。

· 背着手：优越感，想要结束对话。

· 双手握拳：愤怒，抗拒，攻击性。

· 手放在衣兜里：抗拒，隐瞒想法，保持距离。

· 思考时手捂着嘴：沉思，感兴趣，在考虑。

> ·玩弄某些东西：缺乏兴趣，开小差，紧张。
> ·用手撑着头：乏味，无聊。

用手撑着头

如果你的对话伙伴用手掌或者手指撑着脑袋，这表示他开始觉得有些无聊了。这个动作常见于冗长的会议，或者乏味的演讲过程中。即使是用大拇指撑着下巴的动作，也可以理解为具有负面和批评的意味。如果你看到了这样的姿势，却还没有调整自己的语言，那么局面很可能会变得对你不利。

无聊，感到没趣

收拾东西

如果一个人之前没有这样做，然后在对话中出现了这种情况，那么这个把文件收起来的动作，或者在文件夹里翻找东西的动作，可能意味着他希望对话快点结束。

准备离开

手肘放在椅子扶手上

我们说过，自信的人会理直气壮地占领属于自己的空间。把手肘放在椅子的扶手上，表示在这个环境中感到舒服，并且想要掌握决定权。如果你觉得周围的人没有给予你足够的关注，你也可以用这个动作引起他们的注意。

感到舒适

衣襟敞开

在谈判中，如果对方将衣服扣子解开，则是一个积极的信号（前提是房间中的温度没有升高）。这意味着他被你说服了，愿意同你合作。根据 2002 年尼根伯格和卡勒罗的研究，这个动作表示对话进入了一个积极的发展阶段。与之类似，靠近谈话伙伴、将交叉的双腿伸直也有同样的意义，它们都表示抗拒感的降低，是开放的信号。

开放

抚摸后颈

用手摩擦脑后或者后颈，表示沮丧、受挫。这意味着对话正在朝不好的方向发展，而这个人不知道怎样做才能改变这种困难的状况。这个动作的出现，可能是因为对方要价太高难

沮丧，烦躁

以满足，或者这个人没有兑现之前许下的承诺。如果你在询问同事之前说好的事情时，他做出这个动作，那么很可能他没有按时完成该做的事，并且感到愧疚。

类似手枪的手势

将双手的食指并在一起指向前方，这个动作的象征意义是很明显的。它就像一把手枪，大家都能一眼看穿它的攻击和挑衅意味。

攻击和侵略意味

搓手

当我们下定决心，准备开始行动时，就会搓一搓双手，好像在给双手预热，让我们能更精细、更富有干劲儿地开展我们的计划。这个动作也可以表示开心，甚至是阴谋和幸灾乐祸，

跃跃欲试（慢速搓手则不是这个意思）

具体解读结果取决于搓手的速度（详见第五章）。

用手指轻点另一只手的手背

我们之前提到过，用手指轻轻敲某个地方表示紧张。如

果用手指轻点另一只手的手背的话，则在紧张之外还有更丰富的含义，即因为将要做某件具体的事而感到紧张，或者正在等待某件事的发生。

紧张，等待某件事发生

按压掌心

当一个人用大拇指按摩另一只手的手掌时，他认为自己正处在困境之中。比如，事情和他预想的不一样，而他不想继续身陷其中。

棘手的情况

双手放松地搭在一起

保持距离，放松

如果这个动作不是个人习惯的话，它可能表示这个人想要与当前的情况保持距离，或者从对话中抽身——不过也要考虑时间、对话的上下文和动作的速度等因素。在某些情况下，这个动作也可能是积极的信号：比如，在饱餐一顿后，这个人想表示自己吃得很愉快，想放松休息一下。

双手抵着头

这个动作表示受到新信息的冲击，不知所措。它还可以表示疲惫和不情愿，具体含义需要结合其他动作才能正确解读。

信息过载

表示说谎的信号

一项来自英国的研究显示，平均来说，我们每天要说四个比较大的谎。美国有两项相互独立的研究得出了同样的结论——我们每天都会听到来自他人的大约两百个谎言。

尽管如此，我们还是认为，在商务会谈中不要预设怀疑的立场，去揣测和试探你的合作伙伴是否在说谎。这种态度很难获得积极的结果，因为它使得双方难以建立友好的关系。我们的经验表明，在谈业务时，极少有人会怀着恶意撒下弥天大谎。我们的目的就是尽量避免这种严重的情况，以及教你识别那些说谎吹牛上瘾的人，避免被他们俘获。不过，在识别说谎信号时，有一些灰色地带需要特别引起注意：

1.没能按时兑现承诺，但总能为自己找到新的、合理的、恰当的借口。

2.为了给他人留下更好的印象，选择性地强调自己的能力和经验。

3.在项目进行到一半时突然想要提价。

4.突然提出终止合作，却不解释原因。

以上这些行为并不算严格意义上的谎言，更多的是一种善意或无意的谎言。无论你是否愿意接受，在工作中总会遇到这样的情况。你自己心中对于谎言的定义，对谎言的敏感程度和关注程度，都会影响你对非语言信号的解读方式。比如，有的人天真地认为别人一定会说谎。结果就是，他们会断章取义，揪住一些细节不放，想要验证自己先入为主的假设，而忽略了大局。有一种情形是出于善意故意隐瞒了一些信息，在这里我们暂时不讨论这种情况是否属于说谎。最终，你需要自行决定自己对于灰色地带谎言的接受程度，毕竟这种谎言是一种无法避免的存在。

我们建议，不管对方是否出于善意，都不要过于关注谎言，而是要专注于找到最好的合作方式，与你的伙伴愉快地工作。应该在互惠互利的基础上，寻找适合双方的合作方式，朝着共同的目标努力；而不是像一个侦探那样，想要抓住对方在谈话中的每一个漏洞。掌握好身体语言的知识，你会找到更好的合作伙伴，然后再解读他们的行为和语言。

在日常的人际关系中，我们遇到的很多人说话都会含糊不清、自相矛盾。他们这样做，可能是为了操控局面，获得控制感；也可能是为了提高价格以获得更多利益。在这些情况下，观察他们所说的话和肢体语言之间的不一致性是非常重要的，这样我们就能采取恰当的行动，做出正确的决定，保护我们的利益不受到损失。一定要记住一些基本的，表示表里不一的姿势和动作。这样一来，如果我们怀疑对方故意瞒着我们什么，我们就可以找出漏洞。以下动作如果在短时间内连续出现，那么你就要小心了，很可能对方正在蒙骗你：

- 捂住嘴巴（不想说出某些事）。
- 摸鼻尖（紧张和／或感到压力）。
- 揉眼睛（不想看到某些东西）。
- 向后退或者采取防御姿势（保持距离）。
- 用其他物体做屏障，为自己争取更多时间（保持距离）。
- 谈到某个话题时，行为举止突然改变。
- 当这个话题再次被提起时，身体重新紧张了起来。

不想说　　　　　紧张　　　　　不想看　　　　保持距离

　　说到这里，我们需要再次反驳一个迷思，即特定的姿势、动作或表情一定表示说谎。上述身体语言信号只是表明这个人可能出现了特定的情绪，但不一定就是与说谎相关的。而且，它们都只是最弱的关于谎言的信号。我们需要仔细运用解读肢体语言的五条基本原则，还要将这些信号与观察到的其他动作结合，并且了解这个人平时的行为习惯。做到这些之后，上述信号才有分析的价值，才能说明他在说谎——也只是可能而已。

　　即使你怀疑某个人在说谎，并且发现他们有些害怕，也不能断言他们就一定在说谎。恐惧的情绪，并不一定就表示这个人担心自己说谎被戳穿。也许他只是担心别人不信任他。反之亦然，镇定自若并不一定表示他说的就是真话。精准识别谎言的能力，需要经过多年的练习和实践才能获得，而且还要严格遵循一些重要的规则。

识别谎言的黄金法则

本书中提到的所有姿势、动作和表情都可能是谎言的信号——如果它们表示的含义和你听到的言语相矛盾的话。识别谎言的黄金法则就是，识别语言传达的信息和肢体传达的信息两者之间是否不一致。其具体来说，有四种表现：

1. 肢体语言是正面的，话语是负面的。

2. 肢体语言是正面的，话语是中性的。

3. 肢体语言是负面的，话语是正面的。

4. 肢体语言是负面的，话语是中性的。

要想精准判断某个人是否在说谎，需要学会正确运用本书中讲到的各种信号和指标。你不但需要掌握理论知识，还要经过大量实践，才能掌握精确解读非语言沟通信息的方法，否则你就会犯错（比如误认为他人对你说谎或有所隐瞒）。学会这些技能后，一定要牢记黄金法则：当一个人的身体语言和口中的话相矛盾时，身体语言是不会说谎的。

"身体语言从不会说谎。"

最可靠的辨别谎言的信号，是由难以压抑或伪装的情感所泄露出来的，因为这些情感导致的身体语言完全是下意识的。但即便是对于这些动作，我们依然要十分小心，因为这些动作并不表示说谎本身，而是表示压力水平的上升。这些难以隐藏的信号包括大量出汗、呼吸变得急促、脸红、流泪、心率提高，以及一些微表情。因为微表情代表的含义是放诸四海皆准的，它能精准地反映七种基本情感中的某一种。所以学会精准识别微表情，对你的沟通会很有帮助。此外，微表情是由身体的边缘系统直接驱动的，很难被伪装或者控制。

专注的观察非常重要

如果你的对话伙伴故意向你隐瞒信息，那么你们之间的关系很可能已经成形，错过了建立和维持良好沟通的机会。因此，在初次会面时，你就应该建立积极的沟通框架，力求营造真诚的交流氛围。对方在做决定时，你可以尝试的提高成交概率的方法有：

1. 仔细观察对方的身体语言，在对话的前十五分钟认真思考这些行为的含义。对方会马上感觉得到了理解，认为和你很有共鸣。

2. 主动快速地对对方的身体语言做出反应，阻止对方宣布负面的决定。第四章和第八章中都提到了很多姿势、动作和表情，它们的出现能提醒你对方与你有意见上的分歧。你应该运用这一点，为自己争取利益。

3. 记住，只要对方还没有口头确认自己的决定，你就还有机会改变他的心意，哪怕他的身体语言显示他从一开始就没有站在你这边。只要他还没有把心里的想法明说出来，你就还有机会说服他。

BLINK 沟通技术：不用提问就能知道答案

很明显，掌握一定的肢体语言知识是非常有用的，它能帮助你更好地看清你的对话伙伴的真实感受。你需要运用这些有价值的信息，让对话朝着好的方向发展。假设你通过对方的微表情意识到他对你的提问感到不满，那么，你就要考虑应如何应对这个信号了，这才是决定对话接下来走向的关键。你不可能直接说："你的表情告诉我，你似乎不喜欢我。这是为什么呢？"如此直接地质问对方，并不是好的做法。

所以你应该如何避免问出这种令人难以启齿的问题，同时又得到想知道的答案呢？如何获知他人不能或不肯告诉你的信息呢？解决方法就是运用 BLINK 沟通技术，简称

"BLINK"。我们开发的这个技术，可以让你不用问问题就能知道想知道的答案。这种技术在对话的关键时刻特别有用，比如讨价还价，或者你注意到了对方的表里不一时。BLINK是身体语言解读与应对的简称。它是一个系统，包含一系列的语言策略，能够帮助你灵活处理对话中棘手的话题，有助于你继续和对方保持良好的合作关系。

当你不确定自己对身体语言的理解是否正确时，也可以运用 BLINK，这样你不但可以避免问一些招人反感的问题，还能增加对你的对话伙伴的了解。比如：有一位经常与销售人员打交道的经理，他遇到的难题是当销售人员坐在他旁边时，他只能看到对方的侧脸，因此他无法准确判断对方的微表情到底表示开心还是轻蔑。幸好，在 BLINK 的帮助下，他能准确分辨究竟是哪种情况了。

"你不需要明确发问，肢体语言会给你答案。"

BLINK 的基本原则是，通过组织你的语言，刺激对方的特定情感反应，从他的身体语言中发掘出你需要的信息。比如，在招聘时，不要直接问应聘者的期望薪资（因为他可能已经事先准备好了答案），而是告诉他这个工作的标准薪资，并观察她的反应。如果你的语言组织得当，她的身体语言会告诉你，你提出的标准是高于还是低于她的期待值。

这种技术之所以有效，是因为人们会本能地、不自觉地用身体语言表示出自己对于对话内容的赞同或不赞同。口头上说谎或者隐瞒信息相对容易，因为我们说话之前往往会想一想自己要说什么，语言是可以提前准备的东西。但是，当我们在倾听时，想要隐藏自己是比较困难的，尤其是假如对方非常擅长解读身体语言，那么我们就更难骗过他们了。

经过这段时间的学习，我们现在要向"身体语言专家"的美妙世界前进了。你很可能会发现，单从眼睛看到的东西，无法为你提供足够的信息。其实，很多时候，最有价值的信息是从你没看到的地方和别人不注意的姿势里收集来的。它们能告诉你这个人的真实想法和感受。

"不只是你看到的东西，

你没看到的东西也会给你需要的信息。"

很明显，这种技术在各种业务场合都适用，比如开展销售业务或者合同协商时。比起询问对方他认为你开出的哪个优惠条件最重要，不如口头总结一下这些条件，并仔细观察他对每一条的反应。通过分析他的身体语言，你就能知道自己应该如何抓住机会说服他，将火力集中在他最在意的地方，从而提高成交的概率。

学习研究一系列基本规则并辅以大量练习，你就能够在对话伙伴毫无察觉的情况下，收集到你需要的所有信息。如果运用得当，会因为你避免了提一些尴尬的问题，让对方感觉你非常理解他，懂得他的喜好，从而在不知不觉中创造出非常融洽的交流氛围。你可以通过一个简单的练习来感受BLINK 的神奇，比如向你的伴侣提议一些周末想做的事。记住，不要问任何问题，只列出一些选项就可以。你可以说："我们可以去喝一杯，或者看个电影，也可以去找朋友玩，或者只是宅在家里看电视。"当你这样说的时候，对方的身体语言会告诉你答案的。

"在你说话时，他人的身体语言会告诉你答案。"

本章小结	
摩挲下巴	思考和评估 （一般来说，向上看或向下看表示负面意见，看向一边表示正面意见）
眼睑下垂，食指放在嘴唇上	不要打扰，正在做决定
将眼镜的一部分放在嘴里	正在做决定
把物体放进嘴里	犹豫不决，需要了解更多细节
金字塔形手势	对自己的观点非常确信
双手放在头后	傲慢
上身前倾	感兴趣，或想要对抗
交叉抱住双臂，头部后仰	拒绝和否定
抱住双臂并点头微笑	掩藏的热情或讽刺
身体和脚的朝向	暗示着注意力所在的方向
点头	同意
手放在脸颊一侧	兴致勃勃
用手撑着头	无聊，感到没趣
收拾东西	准备离开
手肘放在椅子扶手上	感到舒适

续表

衣襟敞开	开放
抚摸后颈	沮丧，烦躁
类似手枪的手势	攻击和侵略意味
搓手	跃跃欲试（慢速搓手则不是这个意思）
用手指轻点另一只手的手背	紧张，等待某件事发生
按压掌心	棘手的情况
双手放松地搭在一起	保持距离，放松
双手抵着头	信息过载
捂住嘴巴	不想说出某些事
摸鼻尖	紧张，压力
揉眼睛	不想看到某些东西
向后退或者采取防御姿势	保持距离
用其他物体做屏障，为自己争取时间	保持距离
出汗	压力增加
呼吸变得急促	压力增加
脸红	压力增加
心跳加快	压力增加

·第九章

练习
Practice Exercises

在本章中，我们会提供给你一些示例情境，供你练习解读肢体语言的技巧。你会看到一些图片，结合之前学到的解读方法，分析图中的姿势、动作、体态和表情。我们建议你先在纸上完整写下你的答案，再参考后面附的正确答案。

你可以把每个场景的解读结果分别写在不同的纸上。画一条线，将纸页分为两栏，就像每章后面的总结表格那样，这样你就不容易遗漏重要的细节了。把你观察到的你认为有分析价值的姿势、动作、体态和表情写在左栏，然后将你对这些元素的解读结果写在右栏。你要仔细观察，不要放过任何身体部位比如胳膊、手、腿、脚，也不要放过任何面部表情。认真分析所有细节之后，在下方写下你的最终结论。另外，不要忘记运用我们在第一章学到的五条基本解读原则。

　　我们还要向你介绍一个技巧。我们会把这个技巧教给每一位学员，它非常经典有效，叫作"SCAN"法：

　　·选择（SELECT）。——识别和检视各种身体语言元素，只要是和当前场景有关的都不要忽略。有时即使是看起来没什么特别的身体语言，也会有重要的意义。用审视的目光检查所有人的手、脚、手臂、腿、身体姿势、动作和面部表情。

　　·校准（CALIBRATE）。运用第一章中学到的五条基本原则，审视你选择的身体语言元素。精确地选择好标准，为你下一步的分析做准备。根据五条基本解读原则，放弃与情境无关的身体语言，并且仔细确认你的最终选择。

　　·分析 (ANALYZE)。根据情境，再次检查你选择的身体语言都有哪些可能的解释。在每章的正文和总结表中查询各种元素的趋向含义。你可能会注意到，某些解释是宽泛的、一般化的。在分析的这一步，你必须尽力缩小范围，尽可能精确地根据特定情境来解读。

　　·做笔记 (NOTE)。写下你观察到的元素和解读内容，形成你的结论。以上三个步骤常常被大家（尤其是新手）忽略，但它们是非常重要的。要想获得精确结论，最好的方法是两栏笔记法，即把身体语言元素写在左边，把可能的解释写在右边。只有当你把所有相关元素都用这种方法记下来并分析过之后，你才可以得出你的结论。越勤加练习，这个过程就会越得心应手，你的笔记就会越来越简短。

初学者一定要按照以上步骤练习，不要跳过任何一步。如果你在解读一张照片或者一段影像，就按照自己的节奏慢慢来。如果你想要在业务商谈中使用 SCAN 法，可以在会议笔记旁边空白处画下 SCAN 表格，然后用简短的单词记录每个身体语言元素和解读结果。这样，你不仅记录了会议的基本内容，还记录了相关的非语言沟通内容。经过一段时间的练习，你就能够一边看着对方一边做笔记了。再练习一段时间，你的脑子就能够自动运用 SCAN 法了，不再需要用纸笔做记录。

这种高效的解读方法用起来是很简单的。经过足够的练习后，如果你最终掌握了这种方法，就能明白你的对话伙伴每一个行动细节所代表的含义，并将得出准确度很高的结论。

现在，你可以运用 SCAN 法来解读以下情境了。参考答案从第 220 页开始。

习题

情境 1

　　情境描述：这是一场面试，右侧的男士是应聘者，左侧的两位男士是面试官。两位面试官中，谁比较青睐这位面试者？

　　参考答案见第 220 页。

情境 2

　　情境描述：三位同事正在对话。哪些信号表明这场谈话不太顺利？谁可能改善这种局面？

　　参考答案见第 220 页。

情境 3

　　情境描述：一位老板（左）和他的两位员工（右）正在谈话。很明显，老板对某件事感到不满。从图中我们能推断出什么信息？

　　参考答案见第 221 页。

情境 4

　　情境描述：这是一场关于销售的谈话。右侧的男士正在推销桌子上摆的那款产品。左侧的两位男士正在考虑是否采购这款产品。最左侧的男士面前摆着一份报价单。他们会成交吗？销售员如何提高成交的可能性？

　　参考答案见第 222 页。

习题答案

情境 1

身体语言元素	解读
左侧男士：身体挺直	自信
左侧男士：双手交缠	失望，烦躁
左侧男士：右边眉毛上挑	怀疑
中间男士：手放在脸旁边	有兴趣地评估
右侧男士：金字塔形手势	自信
右侧男士：身体向后仰	保持距离
右侧男士：一侧嘴角扬起	轻蔑

结论

右侧的男士对自己非常有信心，这一点可以从他的金字塔手势和得意的微笑上看出来。左侧的男士很明显感到烦躁，而中间的男士态度较为积极。如果左侧的男士是老板，那么右边这位应聘者将无法得到这个工作。如果中间的男士是老板，那么这位应聘者还有希望，虽然他的态度明显有些傲慢。

情境 2

身体语言元素	解读
左侧女士：摩挲颈部	烦躁

身体语言元素	解读
左侧女士：向下看	不感兴趣
中间女士：拉扯耳朵	有话想说
中间女士：身体朝向男士	注意力在男士身上
右侧男士：手臂放在身后	压抑自己的烦躁
右侧男士：双腿交叉	封闭的心态
右侧男士：身体转向别处	开小差

结论

左侧女士和右侧男士的身体语言表明，对话进行得不顺利，有一种烦闷、沮丧的气氛。中间的女士很显然有话想对男士说，也许这会让情况有所改善。

情境3

身体语言元素	解读
左侧男士：持球手势	戒备
左侧男士：眉毛下沉，皱眉头	自信
左侧男士：身体前倾	生气
左侧男士：身体朝向右侧男士	表示怒气增强
中间女士：双手交叉抱住	注意力在右侧男士身上
中间女士：手抓住上臂	不同意
右侧男士：双手插兜	压抑怒火

身体语言元素	解读
右侧男士：眉毛上挑，皱眉	惊讶
右侧男士：身体后倾	惊讶、戒备

结论

左侧的男士对于当下情况感到愤怒，似乎是右侧男士把他惹怒的。中间的女士完全不同意左侧男士的话，并对他的咄咄逼人感到反感。右侧的男士对左侧男士的行为感到惊讶。

情境 4

身体语言元素	解读
右侧男士：摸鼻子	紧张
右侧男士：抿嘴	害怕
中间男士：避免目光接触	不感兴趣，开小差
中间男士：抓挠脖子	略感烦躁
中间男士：身体转向中间	注意力不在右侧男士身上
左侧男士：手放在纸上	关注文件中的内容
左侧男士：摩挲下巴	思考
左侧男士：低头向上看，露出眼白	负面评价
左侧男士：身体后仰	不感兴趣

结论

　　右侧的销售员非常紧张，表现不好，难以打动人。我们无法确定他是否在说谎，但他肯定没有把话说清楚。左侧的潜在买家们态度不太积极。很明显，左侧的那位男士对于这个产品有一些负面看法。中间的男士对于产品没有那么感兴趣，但他的想法没有左侧男士那么负面。中间的男士还在思考，而左侧的男士已经做出了决定，只是还未说出口。也就是说，如果左侧的男士具有决定权的话，那么销售员的这笔生意要失败了。如果中间的男士说了算的话，销售员仍有机会，但希望也不是很大。

　　　"身体语言信号是你成功之路上的路标。"

致谢

Acknowledgments

　　本书中的内容，凝聚了我们多年来对于身体语言领域的热爱，以及在非语言沟通培训方面的教学成果。数以千计的学员参加了我们的培训，给予我们很多有价值的反馈意见。我们最感谢的是我们身体语言中心的认证教师们，他们在全世界范围内开展教学工作，成效卓著。

　　我们向来自世界各地的长期合作伙伴表示谢意，他们是：安东尼奥·萨卡韦姆和安娜·萨卡韦姆（葡萄牙）、侯赛因·埃德（中东和北非地区）、何塞·曼努埃尔·希门尼斯和巴尔迪尼·庞斯（西班牙）、利奥波德多·埃普瑞姆尼（哥伦比亚）、劳拉·加斯提西亚（阿根廷）、胡安·卡洛斯·加西亚（巴拿马）、卡罗琳·马图奇（瑞士）、塞尔坎·通克（土耳其）、穆罕默德·阿里（巴基斯坦）、罗伯托·米卡尔利（意大利）、艾迪·万德维尔、杰斯·贾戛纳斯（荷兰）、达纳·科特、苏菲-安·布雷克（比利时）和米尔斯·黄（中国香港）。我们还非常感谢世界各地超过一千位培训师，多年来，他们实践了我们的这套方法论，将我们的身体语言方法推广到了世界各地。

非常感谢为我们提供了有趣点子的朋友们，还有参与课程并给予我们宝贵反馈的伙伴和学员们，以及将身体语言中心的信息传递出去的人们，包括：南希·德·邦特、安·德勒卡、彼得·萨伦斯、安·范·登·贝根、安妮梅·詹森斯、席琳·德·科洛姆布鲁格、迈克尔·克伦布盖特、唐·威尔斯、格里特·范·德·维尔德、卡罗琳娜·什切潘卡沃思卡、马格达莱纳·达布洛斯卡、萨斯卡·司麦特、玛丽-罗斯·门斯、帕特里克·阿德勒、苏珊·奥克、凯文·德·斯密特、让-路易·德·哈斯克、汤姆·科琳、汤姆·范·迪斯特、德克·维曼、罗宾·维斯森奈肯斯、茜尔德·维纳尔、马特·罗森、卡琳·卡佩尔、圭多·波夫、罗兰·杜查特莱特、维姆·赫克曼、巴特·范科佩诺勒、卡尔·拉茨、罗伊·玛蒂娜、帕斯卡·范·达姆、罗宾·维斯森奈肯斯、伊曼纽尔·莫特里、吉娜·德·格罗特、巴特·卢斯、盖伊·韦列克、弗里索夫·克隆、沃尔特·范·戈尔普、埃里克·德·弗里斯、何塞·托尼森、约翰·斯普鲁伊特、理查德·巴雷特、布鲁诺·德斯麦特、温姆·赫克曼、格列格·S.雷德、格伦娜·特劳特、德克·弗曼特和艾伦·科恩。

　　本书中的科学知识和学术研究成果是超过一百五十年身体语言研究的结果。无数科学家和学者教授为这些成果倾注了巨大心血，本书中有许多内容来自他们的智慧结晶。因此，我们衷心感谢杜彻尼·博洛尼、查尔斯·达尔文、罗伯特·普鲁切克、卡罗尔·伊萨德、罗伯特·罗森索、克里斯·克林克、罗伯特·戈德伯格、爱德华·霍尔、杰拉尔德·尼根伯格、亨利·卡勒罗、德斯蒙德·莫里斯、保罗·艾克曼、华莱士·福瑞森、艾伦·皮斯、艾克哈德·赫斯，马克·耐普、朱蒂·伯贡、迈克尔·阿盖尔、丹·欧海尔、巴里·施伦克尔和拉尔夫·艾克斯兰。

　　最后，同样重要的是，我们要感谢我们的同事和伙伴们。这些年来，他们热心地和我们交流，与我们讨论关于身体语言和非语言沟通的想法和信息，让我们受益匪浅。他们是：卡罗尔·金赛·戈马、马克·鲍登、贝弗利·弗拉克星顿、雷娜特·穆萨克斯、伊恩·特鲁迪、伊丽莎白·库恩克、马克·麦克里什、多米尼卡·迈森、罗伯特·菲普斯、格雷格·威廉姆斯、亨里克·费克斯、乔·纳瓦罗和里克·克什内尔。

参考文献 [1]

Bibliography

Aboyoun, D. C., Dabbs, J. M. (1998). "The Hess Pupil Dilation Findings: Sex or Novelty?" *Social Behavior & Personality* 26(4), 415–419.

Ambady, N., Skowronski, J. J. (2008). *First Impressions*. New York: Guilford Press.

Argyle, M. (1988). *Bodily Communication*. London: Methuen.

Bach, L. (1908). *Pupillenlehre. Anatomie, Physiologie und Pathologie. Methodik der Untersuching*. Berlin: Karger.

Barber, C. (1964). *The Story of Language*. London: Pan Books.

Barton, K., Fugelsang, J., and Smilek, D. (2009). "Inhibiting Beliefs Demands Attention." *Thinking and Reasoning* 15(3), 250–267.

Beebe, S. A. (1979). *Nonverbal Communication in Business: Principles and Applications*.

Bernstein M. J., Young, S. G., Brown, C. M., Sacco D. F., and Claypool, H.M. (1998). "Adaptive Responses to Social Exclusion: Social Rejection Improves Detection of Real and Fake Smiles." *Psychological Science* 19(10), 981–983.

Bernstein M. J., Sacco D. F., Brown, C. M., Young, S. G., and Claypool, H.M. (2010). "A Preference for Genuine Smiles Following Social Exclusion." *Journal of Experimental Social Psychology* 46, 196–199.

---

1 为方便读者查询，本章提及的书名、期刊名均保留了英文原名。

Blahna, L. (1975). *A Survey of Research on Sex Differences in Nonverbal Communication*. Speech Communication Association.

Bovée, C. L., Thill, J. V., and Schatzman, B. E. (2003). Business *Communication Today* (7th ed.). New Jersey: Prentice Hall.

Buck, R. (1984). *The Communication of Emotion*. New York: Guilford Press.

Burgoon, J. K., Manusov, V., Mineo, P., Hale, J. L. (1985). "Effects of Gaze on Hiring, Credibility, Attraction and Relational Message Interpretation." *Journal of Nonverbal Behavior* 9(3), 133–146.

Calero, H. H. (2005). *The Power of Nonverbal Communication*. Los Angeles: Silver Lake.

Caputo, J. S., Hazel, H. C., McMahon, C., and Darnels, D. (2002). *Communicating Effectively: Linking Thought and Expression*. Dubuque, Iowa: Kandall-Hunt Publishing.

Carney, D., Cuddy, A. J. C., and Yap, A. (2010). "Power Posing: Brief Nonverbal Displays Affect Neuroendocrine Levels and Risk Tolerance." *Psychological Science* 21(10), 1363–1368.

Chaney, R. H., Linzmayer, L., Grunberger, M., and Saletu, B. (1989). "Pupillary Responses in Recognizing Awareness in Persons with Profound Mental Retardation." *Perceptual & Motor Skills* 69, 523–528.

Cody, M., and O'Hair, D. (1983). "Nonverbal Communication and Deception: Differences in Deception Cues Due to Gender and Communication Dominance." *Communication Monographs* 50, 175–192.

Coker, D. A., and Burgoon, J. K. (1987). "The Nature of Conversational Involvement and Nonverbal Encoding Patterns." *Human Communication Research* 13, 463–494.

Collier, G. (1985). *Emotional Expression*. Hillsdale: Lawrence Erlbaum Associates.

Cuddy, A. J. C., Glick, P., and Beninger, A. (2011). "The Dynamics of Warmth and Competence Judgments, and Their Outcomes in Organizations." *Research in Organizational Behavior* 31, 73–98.

Darwin, C. (1872/1965). *The Expression of the Emotions in Man and Animals*. Chicago: University of Chicago Press.

Davidson, R. J., Scherer, K. R., and Goldsmith, H. H. (2009). *Handbook of Affective Sciences*. New York: Oxford University Press.

Davitz, J. R. (1964). *The Communication of Emotional Meaning*. New York: McGraw-Hill.

DePaulo, B.M., Friedman II. S. (1998). "Nonverbal Communication." In D. Gilbert, S. T. Fiske, and G. Lindzey, eds., *Handbook of Social Psychology* (4th ed.). New York: Random House, 3–40.

Devito, A. J. (2009). *Human Communication*. Boston: Pearson Education.

Di Leo, J. H. (1977). *Child Development: Analysis and Synthesis*. New York: Brunner/Mazel.

Duchenne de Boulogne, C. B. (1862/1990). *The Mechanism of Human Facial Expression*. Cambridge: Cambridge University Press.

Eastwood, J. D., and Smilek, D. (2005). "Functional Consequences of Perceiving Facial Expressions of Emotion Without Awareness." *Consciousness and Cognition* 14(3), 565–584.

Eastwood, J. D., Smilek, D., and Merikle, P.M. (2003). "Negative Facial Expression Captures Attention and Disrupts Performance." *Perception & Psychophysics* 65(3), 352–358.

Ekman, P., Friesen, W. V., and Ellsworth, P. (1972). *Emotions in the Human Face: Guidelines for Research and an Integration of Findings*. New York: Pergamon Press.

Ekman, P. E., Rosenberg, E. L. (1997). *What the Face Reveals; Basic and Applied Studies of Spontaneous Expression Using the Facial Action Coding System*. New York: Oxford University Press.

Exline, R. V., Ellyson, S. L., and Long, B. (1975). "Visual Behavior as an Aspect of Power Role Relationships." In Pliner, Krames, and Alloway (eds.) *Advance*. New York: Plenum, 21–52.

Fast, J. (1991). *Body Language in the Work Place*. New York: Penguin Books.

Feldman, R. S., Rimei, B. (1991). *Fundamentals of Nonverbal Behavior*. Cambridge: Cambridge University Press.

Forbes, R. J., Jackson, P. R. (1980). "Non-verbal Behavior and the Outcome of Selection Interviews." *Journal of Occupational Psychology* 53, 65–72.

Fretz, B. R., Corn, R., Tuemmler, J. M., and Bellet, W. (1979). "Counselor Nonverbal Behaviors and Client Evaluations." *Journal of Counselling Psychology* 26, 304–343.

Friedman, D., Hakerem, G., Sutton, S., and Fleiss, J. L. (1973). "Effect of Stimulus Uncertainty on the Pupillary Dilation Response and the Vertex Evoked Potential." *Electroencephalography and Clinical Neurophysiology* 34, 475–484.

Friedman, H. S., Riggio, R. E. and Casella, D. F. (1988). "Nonverbal Skill, Personal Charisma, and Initial Attraction." *Personality and Social Psychology*

Bulletin 74(14), 203–211.

Gilbert, D. T., Fiske, S. T. and Lindzey, G. *The Handbook of Social Psychology* (4th ed., vol. 2). New York: McGraw-Hill, 504–553.

Given, D. B. (2002). *The Nonverbal Dictionary of Gestures, Signs and Body Language Cues*. Washington: Center for Nonverbal Studies Press.

Goode, E. E., Schrof, J. M., and Burke, S. (1998). "Where Emotions Come From." *Psychology* 97/98(62), 54–60.

Goldberg, S., Rosenthal, R. (1986). "Self-touching Behavior in the Job Interview: Antecedents and Consequences." *Journal of Nonverbal Behavior* 10(1), 65–80.

Gunnery, S., Hall, J., and Ruben, M. (2012). "The Deliberate Duchenne Smile: Individual Differences in Expressive Control." *Journal of Nonverbal Behavior*. DOI: 10.1007/s10919-012-0139-4.

Haggard, E. A. and Isaacs, K. S. (1966). "Micro-momentary Facial Expressions as Indicators of Ego Mechanisms in Psychotherapy." In L. A.Gottschalk and A. H. Auerbach (eds.), *Methods of Research in Psychotherapy*. New York: Appleton-Century-Crofts, 154–165.

Hall, E. T. (1973). *The Silent Language*. New York: Anchor.

Hall, E. T. (1976). *The Hidden Dimension*. New York: Doubleday.

Harper, D. (2002). "Talking About Pictures: A Case for Photo Elicitation." *Visual Studies* 17(1), 13–26.

Hertenstein, M. J., Hansel, C. A., Butts A. M., and Hile S. N. (2009). "Smile Intensity in Photographs Predicts Divorce Later in Life." *Motivation and Emotion* 33(2), 99–105.

Hess, E. H. (1964). "Attitude and Pupil Size." *Scientific American* 212, 46–54.

Hess, E. H. (1975). *The Tell-tale Eye: How Your Eyes Reveal Hidden Thoughts and Emotions*. New York: Van Nostrand Reinhold Co.

Hess, E. H., and Polt, J. M. (1960). "Pupil Size as Related to Interest Value of Visual Stimuli." *Science* 132, 349–350.

Hess, E. H., Seltzer, A. L., and Shlien, J. M. (1965). "Pupil Response of Hetero- and Homosexual Males to Pictures of Men and Women: A Pilot Study." *Journal of Abnormal Psychology* 70(3), 165–168.

Hess, U., Kleck, R. (1997). "Differentiating Emotion Elicited and Deliberate Emotional Facial Expressions." *Series in Affective Science*, 271–288.

Hodgins, H., Koestner, R. (1993). "The Origins of Nonverbal Sensitivity." *Personality and Social Psychology Bulletin* 19, 466–473.

Hybels, S., and Weaver, R. L. (2004). *Communicating Effectively.* New York: McGraw-Hill.

Ivy, D. K., and Wahl, S. T. (2008). *The Nonverbal Self: Communication for a Lifetime.* Boston: Allyn & Bacon.

Izard, C. E. (1971). *The Face of Emotion.* East Norwalk, CT: Appleton-Century-Crofts.

Izard, C. E. (1977). *Human Emotions.* New York: Plenum.

Jellison, J. M. (1977). *I'm Sorry, I Didn't Mean To, and Other Lies We Love to Tell.* New York: Chatham Square Press.

Keltner, D., and Bonanno, G. (1997). "A Study of Laughter and Dissociation: Distinct Correlates of Laughter and Smiling During Bereavement." *Journal of Personality and Social Psychology* 73(4), 687–702.

Kleinke, C. L. (1977). "Compliance to Requests Made by Gazing and Touching Experimenters in Field Settings." *Journal of Experimental Social Psychology* 13(3), 218–223.

Knapp, M. L. (1972; 1978). *Nonverbal Communication in Human Interaction.* New York: Holt, Rinehart & Winston.

Knapp, M. L., Hart, R. P., Friedrich, G. W. and Shulma, G. M. (1973). "The Rhetoric of Goodbye: Verbal and Nonverbal Correlates of Human Leave-taking." *Speech Monographs* 40, 182–198.

Kraut, R. E., and Johnston R. E. (1979). "Social and Emotional Messages of Smiling: An Ethological Approach." *Journal of Personality and Social Psychology* 37(9), 1539–1553.

Landis, C. (1924). "Studies of Emotional Reactions II. General Behavior and Facial Expression." *Journal of Comparative Psychology* 4, 447–509.

Levine, A., and Schilder, P. (1942). "The Catatonic Pupil." *The Journal of Nervous and Mental Disease* 96, 1–12.

Littlefield, R. S. (1983). *Competitive Live Discussion: The Effective Use of Nonverbal Cues.* Washington, D.C.: Distributed by ERIC Clearinghouse.

Lock, A. (1993). "Human Language Development and Object Manipulation." In Gibson, K. R. and Ingold, T. (eds.), *Tools, Language, and Cognition in Human Evolution.* Cambridge: Cambridge University Press, 279–310.

Macneilage, P., and Davis, B. (2000). *Evolution of Speech: The Relation Between Ontogeny and Phylogeny.* Cambridge: Cambridge University Press.

Major, B., Schmidlin, A.M., and Williams, L. (1990). "Gender Patterns in Social Touch: The Impact of Setting and Age." *Journal of Personality and Social*

Psychology 58, 634–643.

Mann, S., Vrij, A., Nasholm, E., Warmelink, L., Leal, S., and Forrester, D. (2012). "The Direction of Deception: Neuro-linguistic Programming as a Lie Detection Tool." *Journal of Police and Criminal Psychology* 27.

Manusov, V., and Patterson, M., eds. (2006). *The SAGE Handbook of Nonverbal Communication*. Thousand Oaks, CA: Sage Publications.

Mast, M. S., and Hall, J. (2004). *"Who Is the Boss and Who Is Not? Accuracy of Judging Status."* Journal of Nonverbal Behavior 28, 145–165.

McBrearty, S. and Brooks, A. S. (2000). "The Revolution That Wasn't: A New Interpretation of the Origin of Modern Human Behavior." *Journal of Human Evolution* 39, 453–563.

McNeill, D. (2005). *Gesture and Thought*. Chicago: University Of Chicago Press.

McNeill, D., Bertenthal, B., Cole, J., and Gallagher, S. (2005). "Gesture-first, but No Gestures?" *Behavioral and Brain Sciences* 28(2), 138–139.

Mehrabian, A. (1981). *Silent Messages*. Belmont, CA: Wadsworth.

Montepare, J., Koff, E., Zaitchik, D., and Albert, M. (1999). "The Use of Body Movements and Gestures as Cues to Emotions in Younger and Older Adults." *Journal of Nonverbal Behavior* 23, 133–152.

Morris, D., Collett, P., Marsh, P., and O'Shaughnessy, M. (1980). *Gestures: Their Origins and Distribution*. New York: Scarborough.

Nespoulous, J., and Lecours, A. R. (1986). "Gestures: Nature and Function." In J. Nespoulous, P. Perron, and A. R. Lecours (eds.), *Biological Foundations of Gestures: Motor and Semiotic Aspects*. Hillsdale, New Jersey: Lawrence Erlbaum Associates, 49–62.

Neuliep, J. W. (2009). *Intercultural Communication: A Contextual Approach*. Los Angeles: Sage.

Nierenberg, G. I., and Calero, H. H. (2001). *How to Read a Person Like a Book*. New York: Pocket Books.

O'Doherty, J., Winston, J., Critchley, H., Perrett, D., Burt, D. M., and Dolan R. J. (2003). "Beauty in a Smile: The Role of Medial Orbitofrontal Cortex in Facial Attractiveness." *Neuropsychologica* 41(2), 147–155.

O'Hair, D., Cody, M., and McLaughlin, M. (1981). "Prepared Lies, Spontaneous Lies, Machiavellianism, and Nonverbal Communication." *Human Communication Research* 7, 325–339.

Pease, A. (1997). *Body Language: How to Read Other's Thoughts by Their*

Gestures. Hampshire, UK: Sheldon Press.

Pease, A., Bease, B. (2004). *The Definite Book of Body Language*. Buderim, Australia: Pease International.

Peters, S. (2012). *The Chimp Paradox: The Acclaimed Mind Management Programme to Help You Achieve Success, Confidence and Happiness*. London: Ebury Publishing.

Plutchik, R. (1980). "A General Psychoevolutionary Theory of Emotion." In R. Plutchik and H. Kellerman (eds.), *Emotion: Theory, Research, and Experience: Vol. 1. Theories of Emotion*. New York: Academic Press, 3–33

Remland, M. S., and Jones, T. S. (1989). "The Effects of Nonverbal Involvement and Communication Apprehension on State Anxiety, Interpersonal Attraction, and Speech Duration." *Communication Quarterly* 37, 170–183.

Richmond, V., McCroskey, J., and Payne, S. (1987). *Nonverbal Behavior in Interpersonal Relationships*. Englewood Cliffs, NJ: Prentice Hall.

Rosenthal R., Hall J. A., DiMatteo, M. R., Rogers, P. L., and Archer, D.(1979). *Sensitivity to Nonverbal Communication: The PONS Test*. Baltimore: Johns Hopkins University Press.

Ruback, R. B., and Hopper, C. H. (1986). "Decision Making by Parole Interviewers: The Effect of Case and Interview Factors." *Law and Human Behavior* 10, 203–214.

Schepartz, L. A. (1993). "Language and Modern Human Origins." *Yearbook of Physical Anthropology* 33, 91–126.

Scher, S., and Rauscher, M. (2003). *Evolutionary Psychology: Alternative Approaches*. New York: Kluwer Press, 2003.

Schlenker, B. R. (1975). "Self-presentation: Managing the Impression Consistency When Reality Interferes with Self-enhancement." *Journal of Personality and Social Psychology* 32, 1030–1037.

Siegman, A. W., and Feldstein, S. (2002). *Nonverbal Behavior and Communication*. Hillsdale, NJ: Erlbaum.

Smilek, D., Eastwood, J. D., Reynolds, M. G., and Kingstone, A. (2007). "Metacognitive Errors in Change Detection: Missing the Gap Between Lab and Life." *Consciousness and Cognition* 16(1), 52–57.

Thill, V. J., and Bovée, L. C. (1999). *Excellence in Business Communication*. New Jersey: Prentice Hall.

Turner, W., and Ortony, A. (1990) "What's Basic about Basic Emotions?" *Psychological Review* 97, 315–331.

Ulbaek, I. (1998). "The Origin of Language and Cognition," (pp. 30–43). In J. R. Hurford, M. Studdert-Kennedy, and C. Knight (eds.), *Approaches to the Evolution of Language*. Cambridge: Cambridge University Press, 30–43.

Wainwright, G. (2003). *Teach Yourself Body Language*. London: Hodder Headline.

Wallace, R. (1989). "Cognitive Mapping and the Origins of Language and Mind." *Current Anthropology* 30, 518–526.

Warmelink, L., Vrij, A., Mann, S., Leal, S., and Poletiek, F. (2011). "The Effects of Unexpected Questions on Detecting Familiar and Unfamiliar Lies." *Psychiatry, Psychology and Law*, 1–7.

Wezowski, K. and Wezowski, P. (2012). *The Micro Expressions Book for Business*. Antwerp: New Vision.

Wezowsk, K. and Wezowski, P. (2012). *How to Reduce Stress with the Emotional Management Method*. Antwerp: New Vision.

Wood, B. S. (1976). *Children and Communication: Verbal and Nonverbal Language Development*. New Jersey: Prentice-Hall.

Yuki, M., Maddux, W. W., and Masuda, T. (2007) "Are the Windows to the Soul the Same in the East and West? Cultural Differences in Using the Eyes and Mouth as Cues to Recognize Emotions in Japan and the United States." *Journal of Experimental Social Psychology* 43, 303–311.

Zuckerman, M., DePaulo, B. M., and Rosenthal, R. (1981). "Verbal and Nonverbal Communication of Deception." In L. Berkowitz (ed.), *Advances in Experimental Social Psychology,* vol. 14. San Diego, CA: Academic Press, 1–59.